# 海淀区
# 气象信息员手册

Haidian Qu Qixiang Xinxiyuan Shouce

海淀区气象局　编

图书在版编目(CIP)数据

海淀区气象信息员手册/海淀区气象局编. —北京：
气象出版社,2013.9
 ISBN 978-7-5029-5762-9

Ⅰ.①海…　Ⅱ.①海…　Ⅲ.①气象-工作-海淀区-
手册　Ⅳ.①P468.213-62

中国版本图书馆 CIP 数据核字(2013)第 204154 号

## Haidian Qu Qixiang Xinxiyuan Shouce
## 海淀区气象信息员手册
海淀区气象局　编

出版发行：气象出版社
地　　址：北京市海淀区中关村南大街 46 号　　邮政编码：100081
总 编 室：010-68407112　　　　　　　　　　　发 行 部：010-68409198
网　　址：http://www.cmp.cma.gov.cn　　　　E-m a i l：qxcbs@cma.gov.cn
责任编辑：胡育峰　　　　　　　　　　　　　　终　　审：汪勤模
封面设计：符　赋　　　　　　　　　　　　　　责任技编：吴庭芳
责任校对：时　人
印　　刷：中国电影出版社印刷厂
开　　本：889 mm×1194 mm　1/32　　　　　　印　　张：4.5
字　　数：109 千字
版　　次：2013 年 9 月第 1 版　　　　　　　　印　　次：2013 年 9 月第 1 次印刷
定　　价：18.00 元

本书如存在文字不清、漏印以及缺页、倒页、脱页等，请与本社发行部联系调换。

## 编委会

主编：段欲晓　冯贵彬　刘文军
编委：李春玲　李　腾　马　莉
　　　薛志磊　史　辰

# 目 录

第一章　海淀区气候特征 …………………………………… 001

第二章　海淀区多发气象灾害 ……………………………… 003

 一、高温 ……………………………………………… 003

 二、暴雨 ……………………………………………… 005

 三、大风 ……………………………………………… 006

 四、雷电 ……………………………………………… 008

 五、冰雹 ……………………………………………… 009

第三章　重点气象灾害防护 ………………………………… 011

 一、雷电灾害防护 …………………………………… 011

 二、大风灾害防护 …………………………………… 015

 三、暴雨内涝灾害防护 ……………………………… 016

 四、高温热浪灾害防护 ……………………………… 018

 五、低温冰雪灾害防护 ……………………………… 021

 六、雾霾灾害防护 …………………………………… 023

 七、沙尘灾害防护 …………………………………… 024

 八、冰雹灾害防护 …………………………………… 026

 九、暴雪灾害防护 …………………………………… 028

第四章　气象信息的发布与获取 …………………………… 030

 一、天气预报、预警信号的发布与获取 …………… 030

 二、其他气象信息的获取方式 ……………………… 036

 三、气象信息的反馈 ………………………………… 037

第五章　气象与人体健康 …………………………………… 038
　　一、气象病 ……………………………………………… 038
　　二、四季天气与气象病 ………………………………… 039
第六章　气象指数 …………………………………………… 064
　　一、气象环境类 ………………………………………… 064
　　二、医疗健康类 ………………………………………… 068
　　三、生活服务类 ………………………………………… 072
　　四、健身休闲类 ………………………………………… 074
　　五、特色服务类 ………………………………………… 077
附录1：风力、降雨量、降雪量等级表 ……………………… 080
附录2：北京市气象灾害预警信号与防御指南 ……………… 082
附录3：气象信息员工作职责 ………………………………… 129
附录4：气象信息员工作考核评分表 ………………………… 131

# 第一章　海淀区气候特征

海淀区位于北京城区西北部(北纬 39°53′—40°09′,东经 116°03′—116°23′),东与西城区、朝阳区相邻,南与西城区、丰台区毗连,西与石景山区、门头沟区交界,北与昌平区接壤,区域面积 430.8 平方千米,约占北京市总面积的 2.53%,北部新区面积 226 平方千米,占全区面积的 52.5%。海淀区西部、北部山峦起伏,属西山,有大小山峰 60 余座,其中羊山顶海拔 1278 米,小风口海拔 1078 米,山区面积占全区总面积的四分之一;南部、东部为平原,整体地势呈西北高东南低,地面坡度为千分之一。主要河流有南长河、清河、万泉河、小月河、南沙河、北沙河等。地貌有洪积-冲积扇平原、扇缘洼地和河流冲积平原三种类型,地带性土壤为褐土与潮土。海淀区属温带大陆性半湿润季风气候,四季分明,降水集中。春季干燥多风,昼夜温差较大;夏季炎热多雨;秋季晴朗少雨,冷暖适宜,光照充足;冬季寒冷干燥,多风少雪。

海淀区年平均气温为 12.8 ℃(以 1981—2010 年 30 年平均值作为气候标准值,下同),最冷月 1 月份平均气温为 －3.2 ℃,最热月 7 月份平均气温为 26.9 ℃,极端最高气温为 41.7 ℃,出现在 1999 年 7 月 24 日;极端最低气温为 －20.2 ℃,出现在 2010 年 1 月 6 日。海淀区年平均降水量为 557.5 毫米,年降水量最多为 935.5 毫米,出现在 1994 年;最少为 358.2 毫米,出现在 1999 年。降水主要集中在夏季(6—8 月),平均为 394.5 毫米,占年总降水量的70.8%，日最大降水量为127.0毫米，出现在1985年8月25日。海淀区年平均降雪日数为11.5天，最大积雪深度为26厘米，出现在2010年1月4日。

海淀区冬季盛行偏北风，因此，偏北风占主导地位；春季为南北风向转换季节，偏南风和偏北风出现次数相差不多；秋季冷空气活动频繁，并且一次比一次强，风向以偏北风为主。海淀区年平均风速为2.4米/秒，4月风速最大，为3.1米/秒，8月风速最小，为1.8米/秒，极大风速为26.5米/秒，出现在2002年4月6日。

海淀区年平均日照时数为2480.8小时。年平均相对湿度为55%，8月最大，为75%，2月、3月最小，为42%。年平均蒸发量为1859.4毫米，1月最小，仅为56.2毫米，5月最大，达277.4毫米。年平均雷暴日数为33.8天，出现最多月为7月，达9.5天。历年极端最大冻土深度为52厘米。

# 第二章　海淀区多发气象灾害

海淀区主要气象灾害有冰雹、暴雨、大风、高温、雷电等。海淀区季风气候明显，70%以上的降水集中在夏季，特别是近几年，暴雨日数虽然呈减少的趋势，但是，单次过程雨量是明显增加的，致使暴雨灾害呈现高发多发态势，同时伴有雷电、大风、冰雹等其他气象灾害。30年（1981—2010年）日降水量≥50毫米的暴雨日数为52天，日降水量≥100毫米的大暴雨日数为6天，历史上日最大降水量达到127.0毫米，出现在1985年8月28日。海淀区大风类型主要有冬半年伴随强冷空气活动的偏北风和夏季伴随强对流天气发生的短时大风，年平均大风日数为18.5天，其中3月和4月大风日数最多，分别为2.4天和2.8天。海淀区年平均高温日数为9.0天，最多的年份达29天（2000年），高温主要集中在6月上旬至7月下旬。

## 一、高温

气象上把日最高气温达到35 ℃及以上的天气称为高温天气。

### （一）高温天气的年际变化

海淀区年平均高温日数为9.0天，并且有明显的年际变化。1997年后高温日数明显较多。其中，1981—1990年年平均高温日数3.5天,1991—2000年年平均高温日数10.9天,2001—2010年年平均高温日数增至12.6天。近30年中,海淀区年高温日数最多达29天,出现在2000年(图2-1)。

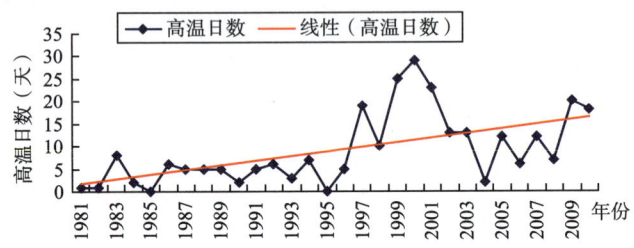

图2-1　1981—2010年海淀区高温日数的年际变化

## (二)极端最高气温的年际变化

据统计,1981—2010年海淀区年极端最高气温大部分在35～39℃,仅有5年年极端最高气温在40℃以上,分别出现在1999、2000、2001、2002和2010年。近30年,海淀区极端最高气温为41.7℃,出现在1999年7月24日(图2-2)。

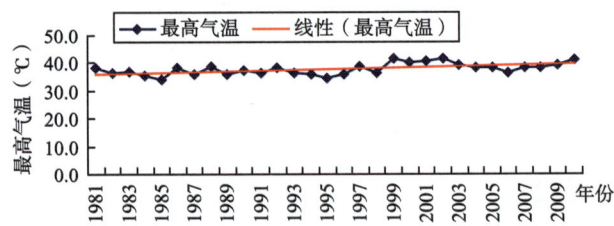

图2-2　1981—2010年海淀区极端最高气温的年际变化

## (三)高温日数的月际变化

海淀区高温天气最早出现在5月,最晚出现在9月。海淀区高温天气主要发生在6—7月,平均高温日数均为7.0天,占全年高温日数的 80%(图 2-3)。

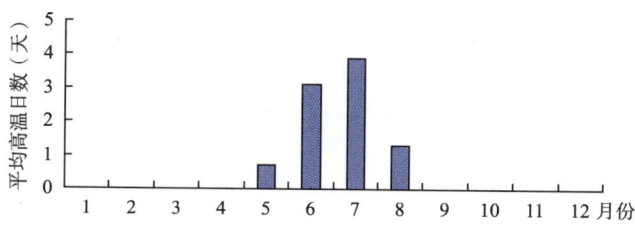

图 2-3　1981—2010 年海淀区各月平均高温日数

## 二、暴雨

暴雨是指日降水量达到或超过 50 毫米的降雨。暴雨是海淀区主要的气象灾害之一,但在久旱之时,暴雨又对缓解旱情起着重要作用。海淀区季风气候明显,年降水量的 70.8% 集中在夏季,而夏季降水量的多少又常取决于几场暴雨。因此,暴雨的多少和旱涝有密切的联系。

### (一)暴雨的年际变化

根据海淀区 1981—2010 年逐日降水量资料统计(图 2-4),日降水量≥50 毫米的暴雨共出现 52 次,年平均 1.7 次,其中以 1994 年最多,出现 6 次,有 7 年未出现过暴雨,分别是 1982、1987、1989、1999、2003、2004 和 2009 年。日降水量≥100 毫米的大暴雨共出现 6 次,其中 1985、1994 年各出现 2 次。历史上监测到的日最大降水量为 127.0 毫米,出现在 1985 年 8 月 25 日。

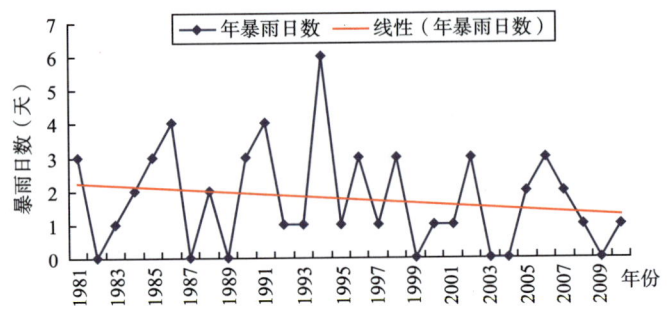

图 2-4　1981—2010 年海淀区暴雨日数的年际变化

## (二)暴雨的月际变化

海淀区暴雨最早出现于 5 月,最晚结束于 10 月。海淀区暴雨多集中在 7—8 月(图 2-5),占 80.8%,7—8 月的暴雨又主要集中在 7 月下旬至 8 月中旬,大暴雨多出现在 8 月上旬,大暴雨日数占暴雨日数的 16%。

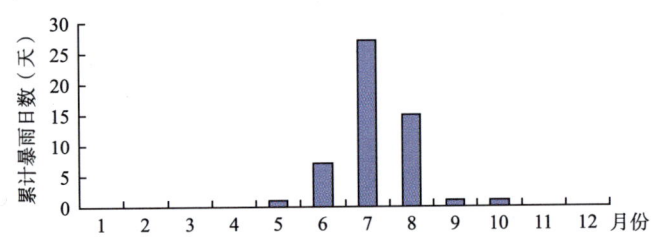

图 2-5　1981—2010 年海淀区各月累计暴雨日数

# 三、大风

大风是危害海淀区工农业生产的主要气象灾害天气之一。气象上把瞬时风速达到或超过 17.2 米/秒(或目测估计风力达到或超过 8 级)的风称为大风。

## (一)大风天气的年际变化

海淀区年平均大风日数为18.5天,且年际间变化幅度大,1982年最多,达35天,最少年仅有3天,出现在2010年。海淀区年际间大风日数呈明显减少的趋势,近10年平均大风日数仅有9.7天,且10年中有6年大风日数少于10天(图2-6)。

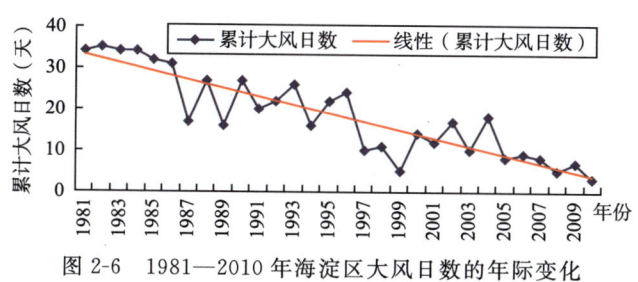

图2-6　1981—2010年海淀区大风日数的年际变化

## (二)大风天气的月际变化

海淀区大风分为冬半年伴随强冷空气活动的偏北大风和夏季伴随强对流天气发生的短时大风。其中伴随强冷空气活动的偏北大风主要出现在9月至来年4月,夏季的短时大风,破坏力较强。

大风天气四季都可以发生,但季节变化明显,从图2-7可以看出,3月和4月大风日数较多,分别为2.4天和2.8天,9月大风日数最少,仅有0.4天。

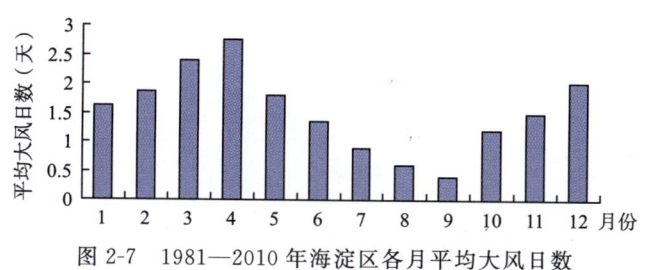

图2-7　1981—2010年海淀区各月平均大风日数

## 四、雷电

雷电灾害产生于雷暴天气,因此,雷暴的分布规律在一定程度上反映了雷电灾害的分布规律。

### (一)雷暴的年际变化

海淀区多年平均雷暴日数为 33.8 天,年际差异较大,1986 年最多,为 51 天,2010 年最少,仅 16 天。海淀区雷暴日数呈缓慢下降的趋势,近 10 年平均为 28.4 天(图 2-8)。

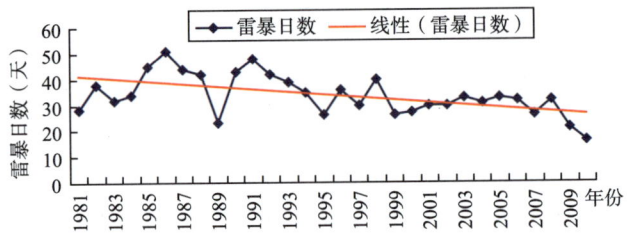

图 2-8　1981—2010 年海淀区雷暴日数的年际变化

### (二)海淀区雷暴月际变化

海淀区雷暴最早出现于 3 月,最晚出现在 11 月,通过分析海淀区 1981—2010 年各月累计的雷暴日数(图 2-9)发现,海淀区雷

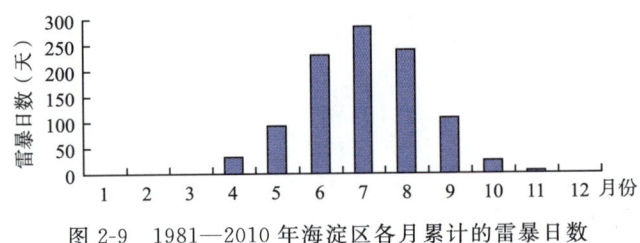

图 2-9　1981—2010 年海淀区各月累计的雷暴日数

暴高发季节为夏季,占全年雷暴日数的 62.3%,春季和秋季次之,约占全年的 37.5%。

## 五、冰雹

冰雹是一种固态降水物,系圆球形或圆锥形的冰块,由透明层和不透明层相间组成,直径一般为 5～50 毫米,最大的可达 10 厘米以上。冰雹的直径越大,破坏力就越大。海淀区冰雹天气最早出现在 4 月,最晚出现在 10 月,6 月份最多。

### (一)冰雹的年际变化

根据 1981—2010 年海淀本站的冰雹记录统计(图 2-10),海淀本站共出现 32 次冰雹天气,其中,1986、1988 和 1990 年出现冰雹的天数最多,为 3 天。

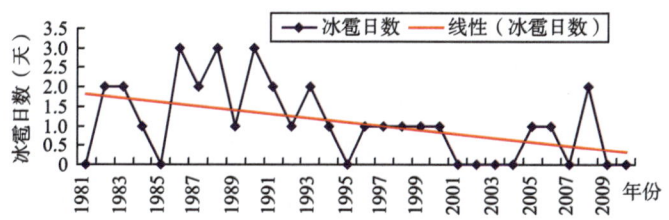

图 2-10  1981—2010 年海淀区冰雹日数的年际变化

### (二)冰雹的月际变化

根据 1981—2010 年海淀本站的冰雹记录统计(图 2-11),一年中,海淀区冰雹天气夏季(6—8 月)最多,共出现 23 次,占总冰雹次数的 71.9%;秋季出现 7 次,占 21.8%;春季仅出现 2 次。从各月分布看,海淀区冰雹天气最早出现在 4 月,最晚出现在 10 月,6

月份最多,共 11 次,占全年的 34.4%。

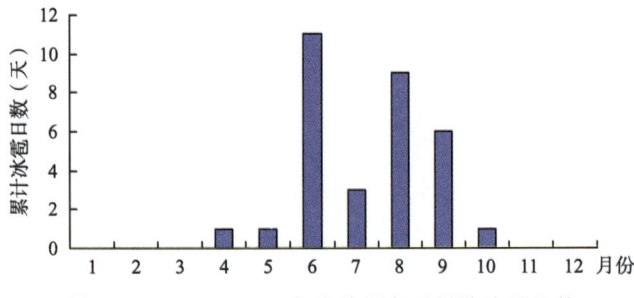

图 2-11　1981—2010 年海淀区各月累计冰雹日数

# 第三章　重点气象灾害防护

## 一、雷电灾害防护

雷击一般分为直接雷击和感应雷击,建筑物安装避雷针只能防范直接雷击,而感应雷击则通过外部相连的线路危害室内的电器。北京市属于雷暴活动多发地区,每年因雷击造成人身伤亡、财产损失等事故时有发生。为了防御和减轻雷电灾害,需要主动做好各种建筑物防雷装置的安装、日常维护和年度检测工作,防患于未然。另外,就是要了解在雷电天气出现时应采取哪些正确的防雷措施,能够避免或减少雷击灾害造成的损失。

### (一)防御要点

#### 1. 雷电来临前的准备

(1)做好各种建筑物防雷装置的安装、维护和检测工作。

(2)易燃易爆场所停止一切活动(如加油,充煤气,喷涂等)。

(3)切断危险电源。为防止电器设备损坏可提前拔掉电视机、电脑等电器的电源或天线插头。

(4)室外活动人员要密切关注天气变化,必要时停止室外活动,迅速离开危险环境,进入安全场所避雷。避雷的场所,总的来说,是室内比室外安全,有避雷装置的比没有避雷装置的安全,低处比高处安全。

### 2. 雷雨天气时危险的环境

(1)开阔场地,如运动场、停车场、游乐场等。

(2)孤立的大树、电线杆、大型广告牌、天线塔下。

(3)室外的铁栅栏、架空线和铁路轨道附近。

(4)孤立凸出的制高点,如山顶和山脊、建筑物的屋顶区域。

(5)室外水面或水陆交界处,如游泳池、湖泊等。

(6)小型无防雷装置保护的建筑物、库房、棚屋、帐篷和临时遮蔽处。

(7)非金属车顶或敞开式的车辆、船只。

### 3. 雷雨天气时安全的环境

(1)有合格防雷装置保护的住宅或其他建筑物。

(2)地下隐蔽处,如地下通道等。

(3)大型金属框架建筑物。

(4)有金属车顶和车身的车辆,如轿车、公共汽车等。

(5)金属壳体的船只或船舶。

(6)附近有建筑物遮蔽的城市街道。

## (二)应急措施

如果一时找不到安全的躲避处,应按照以下原则寻找比较安全的地点并采取相应的措施以减少危险:

(1)寻找树木密集处,避免在孤立的树下、电线杆下、塔吊下避雨;如万不得已,则须与树干保持至少5米的距离,下蹲并双腿靠拢。

(2)寻找建在低凹处的建筑物、帐篷及遮蔽物,不要在山顶或高处停留。

## 第三章 重点气象灾害防护

(3)如果处于开阔的暴露区,要保持双脚并在一起,尽量低头、曲身、下蹲、双手抱膝,并卸下身上携带的金属物,不要平躺在地上。

(4)如果有急事需要赶路时,要穿塑料等不浸水的雨衣,走路速度要慢些,步子要小些。

(5)如果在户外遭遇雷雨,来不及离开高大物体时,应马上找些干燥的绝缘物放在地上,并将双脚并拢,坐在上面,切勿将脚放在绝缘物以外的地面上,因为水能导电。

(6)当在户外看见闪电几秒钟内就听见雷声时,说明正处于近雷暴的危险环境,此时应停止行走,两脚并拢并立即下蹲,不要与人手拉手聚在一起,最好使用塑料雨具、雨衣等。

(7)当你站在一个空旷的地方,如果感觉到身上的毛发突然竖起来,皮肤感到轻微的刺痛,甚至听到轻微的爆裂声,发出"叽叽"声响,这就是雷电快要击中你的征兆。遇到这种情况,你应马上蹲下来,身体倾向前,把手放在膝盖上,曲成一个球状,千万不要平躺在地上。

(8)电闪雷鸣时,人在树下或建筑物下容易遭雷击。雷击和触电都可当即致死,轻则致伤。遭雷击烧伤的人,身体是不带电的,抢救时不要有顾虑。若伤者失去知觉,但有呼吸和心跳,应使其舒展平卧,休息后再送医院治疗。若伤者呼吸和心跳停止,应立即实施心肺复苏术,并拨打"120"急救电话。

### (三)注意事项

#### 1. 室内避雷

(1)关闭门窗。提前关好门窗,以防侧击雷和球状雷侵入,远离靠近外墙的门窗。

(2)切断电源。切断家用电器的电源,拔掉电源插头,防止雷电从电源线侵入。

（3）慎用电器。不要使用带有外接天线的收音机和电视机等电器，远离带电设备。

（4）远离金属。不要接触煤气管道、铁丝网、金属门窗等金属物品。

（5）不打电话。最好暂停使用电话、对讲机和其他电器设备，如计算机。

（6）勿用喷头。不要使用淋浴器、太阳能热水器、水龙头等，因水管与防雷接地相连，雷电流可通过水流传导而致人伤亡。

（7）勿赤脚。不要赤脚站在泥地或水泥地上。

### 2. 户外避雷

（1）离开险地。雷雨天气时不要停留在高楼平台、山顶、山脊或建(构)筑物顶部，不宜停留在小型无防雷设施的建筑物、车库、车棚、岗亭及附近。要到有避雷针或钢架的建筑物里藏身，但不要靠近防雷装置的任何部位；也可寻找钢筋混凝土结构的建筑物躲避。

（2）降低身高。两脚并拢，双腿下蹲，双手抱膝，降低身体重心，减少人体与外部的接触面积。

（3）不扛"尖端"。空旷场地不要使用有金属尖端的雨伞，不要把金属物体扛在肩上，避免增加人的有效高度成为"尖端"而遭雷击。

（4）披上雨衣。及时披上不透水的雨衣，防雷效果更好。

（5）关闭手机。身处空旷地带，应关闭手机。

（6）摘下饰品。应摘下身上佩戴的金属饰品，如项链、发卡等。

（7）分开站立。如果多人一起在野外，相互间应间隔几米。

（8）"蚁爬"趴下。头、颈、手处有蚂蚁爬走的感觉，头发竖起，表明将发生雷击，应赶紧蹲在地上，减少遭雷击的危险。

(9)蹦离"高压"。高压电线遭雷击落地时,不要靠近,当心地面"跨步电压"的电击。正确的逃离方法是双脚并拢,蹦着离开危险地带。

(10)切忌狂奔。在雷雨天气中,不宜快速开摩托、快骑自行车或在雨中狂奔,因为身体的跨步越大,电压就越大,也越容易受到伤害。

## 二、大风灾害防护

大风的危害主要表现为给环境造成的机械损伤和破坏,如毁屋拔树、折枝损叶、落花落果、砸伤人畜等。其次,大风还会加重其他的气象灾害。大风时形成的高速气流可加快对环境介质的传输,例如加大热量传输,造成人畜体热的迅速耗损,在冬季可加重严寒程度,冻死冻伤人畜;或者加大水分蒸发,加重干旱危害以及火灾隐患等。

### (一)防御要点

(1)断电关气。大风来临前,应切断霓虹灯招牌及危险的室外电源,关闭煤气、天然气阀门,严防室外烟火。

(2)收拾东西。妥善安置易受大风影响的室外物品,收拾阳台上的衣物。

(3)关好门窗,紧固临建。把门窗、围板、棚架、临时搭建物等易被风吹动的搭建物固紧。

(4)停止户外活动,进入防风场所。停止露天活动、高空作业和水上活动,尽快进入室内或防风安全的地方。

### (二)应急措施

(1)横向逃离。在野外遭遇大风时,应以最快速度朝与大风前进路线垂直的方向逃离。

（2）防砸防压。室外遭遇大风时,应远离大树、电线杆、简易房等,以免被砸、被压或触电。

（3）速趴洼地。来不及逃离时,迅速找低洼地趴下,脸朝下,闭上嘴巴和眼睛,用双手、双臂抱住头部。

（4）进入"地下"。躲避大风最安全的地方是混凝土建筑的地下室或半地下室。简易住房内和楼顶上都很危险。

（5）躲进小房。大风来时,应躲到小房间内抱头蹲下。

（6）远离外墙。如果在室内,要避开窗、门和房子外墙。

（7）车辆慢行。在大风天,机动车和非机动车驾驶员应减速慢行,避免急转弯,以免车辆侧翻。

（8）熄灭烟火。大风天要严禁户外用火,消除火灾隐患。

### (三)注意事项

（1）留意天气预报,做好防风准备。

（2）密切关注火灾隐患。

（3）老人和小孩切勿在大风天气外出。

（4）不要将车辆停在高楼、大树下方,以免因吹落的物体造成损伤。

（5）大风天经过施工工地时要尽量远离工地并快速通过。不要在高大建筑物、广告牌或大树的下方停留。

## 三、暴雨内涝灾害防护

我们常说的暴雨,气象上实际包含了三个降雨量级,即"暴雨"、"大暴雨"和"特大暴雨"。暴雨的划分标准不仅与降水总量有关,还与降水强度有关。比如12小时的暴雨标准和24小时的暴

# 第三章 重点气象灾害防护

雨标准,其降水量是不同的,12小时内降水量达到30毫米以上就是暴雨了,而24小时降水量要达到50毫米以上才是暴雨。暴雨导致的主要地质灾害是洪灾、沥涝以及泥石流。

## (一)防御要点

(1)检查房屋,防漏防泡。如果是危旧房屋或处于地势低洼的地方,应采取"小包围"措施,如砌围墙、放置挡水板、配备小型抽水泵等。

(2)检查电路、炉火等设施是否安全。低层居民家中的电器插座、开关等应装在离地面较高的安全地方。一旦室外积水漫进屋内,应及时切断电源,防止触电伤人。

(3)提前收盖露天晾晒物品。收拾家中贵重物品放置高处。

(4)保障排水通道畅通。清除下水道、排水口的垃圾、废弃物等,保障排水通道畅通,以免暴雨来临时阻塞积水。

## (二)应急措施

(1)防汛排涝。应急部门和抢险单位加强值班,密切监视灾情,及时对有汛情的河道、沟渠、水库等采取放水泄洪措施,对积水沥涝地段进行抽水排涝。做好低洼、易受淹地区的排水防涝工作。

(2)防范泥石流。暴雨天气里要特别警惕山区中泥石流等地质灾害的发生,必要时转移人员、财物到安全的地方。

(3)注意交通安全。驾驶员遇到路面或立交桥下积水过深时,应尽量绕行,避免强行通过。

(4)避免涉水。在户外积水中行走时,要注意观察,贴近建筑物行走,防止跌入窨井、地坑等。

(5)防止水浸室内。居住平房、楼房一层或地下室的居民可因地制宜,在家门口放置挡水板或堆砌土坎。

(6)切断危险电源。暴雨时除了要切断室外低洼地带有危险的电源外,当积水漫入室内时,还应立即关闭电源总开关,防止积水带电伤人。

(7)安全转移。转移危险地带滞留人员以及危房居民到安全场所避雨。

### (三)注意事项

(1)暴雨时尽量减少外出,不要骑自行车,更不要在河里游泳。

(2)雨天汽车在低洼处熄火,千万不要在车上等候,下车到高处等待救援。

(3)在山区旅游时,要注意防范山洪。上游来水突然混浊、水位上涨较快时,须特别注意。

(4)在发生暴雨洪水时,行人避雨要远离高压线路、电器设备等危险区域,不要在大树、陡崖或易滑坡区避雨。

(5)不要将垃圾、杂物等丢入下水道,以防堵塞造成暴雨时积水成灾。

(6)注意夜间的暴雨,提防旧房屋倒塌伤人。

## 四、高温热浪灾害防护

日最高气温达35 ℃及以上的天气称为高温天气。高温天气会影响人体健康,甚至导致中暑,还会给交通、用水、用电等带来较大影响。因此,城市居民在防范高温热浪灾害天气时,主要应从高温对人体健康、交通、用水、用电等方面的影响加以防范。

### (一)防御要点

(1)收听天气预报。关注高温天气预报及预警,心理上做好应

## 第三章 重点气象灾害防护

对高温天气的准备。

（2）注意饮食清淡。多喝凉白开水、淡盐水、白菊花水、绿豆汤等防暑饮品；多吃新鲜瓜果蔬菜，少吃油腻食品。

（3）保证充足睡眠。生活起居要规律，除了要保证夜间睡眠充足外，白天还要适当午休。

（4）加强户外防晒。白天尽量减少户外活动时间，尤其是上午11点到下午4点之间不要在烈日下活动，避免暴晒。必须外出时要打伞、戴遮阳帽、涂抹防晒霜，避免强光灼伤眼睛和皮肤。

（5）闭门关窗隔热。高温天气室内通风时间要安排在早晚，白天高温时段最好关闭门窗，防止室外热气进入，影响室内温度。

（6）谨慎高温作业。在户外和高温环境下作业的人员，应采取有效防护措施，温度上升到一定高度时应停止作业。

（7）老弱病患慎动。老人、体弱者和高血压、心肺疾病患者应减少活动，如有胸闷、气短等症状应及早就医。

（8）常备防暑药品。常备防暑降温药品，如清凉油、十滴水、人丹等。

（9）正确防暑降温。使用空调时，温度不宜过高或过低，26 ℃左右最为合适，长时间使用空调降温要注意室内通风换气。电扇和空调风口不要长时间对着人体吹。

（10）车辆防燃防爆。高温炎热天气时，要注意车辆维护保养，防止车辆发生爆胎、自燃等危险事故。停驶车辆要尽量放在阴凉地方，车内不要放易燃易爆物品，比如打火机和可乐等碳酸饮料。

（11）节约用水用电。持续的高温天气，会造成用水用电紧张，严重时可能限电停水，因此，要节约用水用电。为了避免停水停电带来生活不便，必要时应适当储备一些饮用水，准备应急照明灯。

（12）注意防火。因用电量过高，电线、变压器等电力设备负载加大，容易引发火灾，要特别注意防火。

## (二)应急措施

### 1. 轻症中暑

(1)注意先兆。头晕、心悸、胸闷、大汗、口渴、乏力、低热等为中暑的先兆。当出现大汗口渴、胸闷头晕、恶心呕吐、身体乏力、体温在 38.5 ℃以上等症状时,表明已轻症中暑。

(2)休息降温。及时离开高温环境,到阴凉、通风处休息。

(3)服药补水。轻症中暑时,服用十滴水或解暑片等药物,并注意多饮水(最好是淡盐水)。

(4)宽衣擦汗。对出汗多的病人,应为其松解衣服,擦干汗水。

### 2. 重症中暑

(1)抬至阴凉处。当出现昏迷、高热、头疼、心衰等症状时,表明已重症中暑。此时,应立即将患者抬到阴凉处,解开其衣服,使其静卧休息。并及时拨打"120"电话求救。

(2)冷水敷头部。用冷水敷头部,使头部皮肤温度迅速降下来。

(3)服用解暑药。及时使用行军散、人丹、清凉油、十滴水、解暑片等解暑药。

(4)穴位要记住。对昏迷的病人,可用手指掐人中、涌泉等穴。

(5)心肺复苏术。若中暑者心跳骤停、呼吸不规则或停止,应及时进行心肺复苏,直至医护人员到来。

## (三)注意事项

(1)调节情绪。高温天气下,人容易烦躁、发怒,应注意调节情绪。

(2)降温适度。使用空调,温度不宜过低。

(3)汗后慎浴。大汗淋漓时,不要用冷水冲澡,应先擦干汗水,稍事休息后再用温水洗澡。

## 五、低温冰雪灾害防护

冬季的寒潮、冰雪和持续的大范围的低温冷冻以及道路结冰等灾害天气发生时，会严重影响交通，物流，水、电、热、气的供应和其他城市生命线的运行。居民应及时收听天气预报，储备过冬物品，注意保暖防滑，积极铲冰除雪，以减少灾害损失。

### (一)防御要点

(1)关注天气。及时了解寒潮、降温、降雪预警信息，做好应对低温冰冻、暴雪等灾害天气的准备。

(2)储备物品。冰雪天气到来前，家中应做好防寒保暖准备，储备足够的食物、水、燃料、御寒衣物及防冻药品等，尽量避免在天气恶劣时外出购物。

(3)保护水管。室外水管、水箱可用草绳、布料等进行包扎、包裹，以防止其冻裂。

(4)紧固危建。关好门窗，紧固室外临时搭建物和危旧房屋，不要待在不结实、不安全的建筑物内，防止被积雪压倒伤人。

(5)防滑防冻。外出戴帽子、手套、围巾、口罩等，全副武装进行保暖，特别注意手脚和头部的保暖，防止冻伤。并且要穿防滑保暖的鞋，不宜穿高跟鞋或硬塑料底的鞋，防止滑倒摔伤或骨折。

(6)除冰扫雪。做好融雪融冰、道路积雪清扫工作。

(7)减少外出。减少不必要的外出，尤其是老、弱、病、残、幼人群要少到室外活动，注意保暖。

(8)公交出行。及时取消或调整出行计划，尽量避免在冰雪天自驾或骑自行车出行。外出最好选择地铁、公交等公共交通工具。

## (二)应急措施

(1)应急供暖防冻。供暖期,供热部门要全力供暖;如果是非供暖期,则要采取应急或自行供暖措施,开启取暖设备(暖气、空调等),防止老、弱、病、幼因气温骤降受寒受冻,引发或加重呼吸道、心脑血管等方面的疾病。

(2)及时铲冰除雪。如遇低温暴雪天气,各单位和社区要组织人员及时铲冰除雪,或在道路上撒融雪剂,疏通道路交通,防止路面长期结冰影响正常的生产生活。

(3)交通限行缓行。冰雪天气时尽量减少自驾车外出,尤其不要开车走山路。机动车在冰雪路面上一定要减速慢行,并与前车保持距离;避免急转弯、急刹车。必要时要安装防滑链,驾驶员佩戴有色眼镜。交通等部门注意指挥和疏导行驶车辆,受冰雪影响严重的路段可封路限行。发生交通事故后,应及时在现场后方设置警示标志,以防连环撞车事故发生。

(4)报警求救。若遇交通事故或被积雪围困,要尽快拨打"122""110""119"等报警求救电话。若发生断电事故,要及时报告电力部门。

## (三)注意事项

(1)谨防煤气中毒。低温冰雪天气,使用燃气和煤炉取暖的居民要注意居室通风,谨防煤气中毒。

(2)不要滑野冰。教育小孩不要在结冰的湖面、河道上玩耍,也不要到非正规滑冰场所滑冰,以免落入水中。

(3)防滑防砸。人车上路采取必要的防滑措施,防止滑倒摔伤。经过屋檐、涵洞、桥下等地方时,应观察是否有即将融化脱落的冰凌,小心被砸受伤。

## 六、雾霾灾害防护

雾和霾是两种不同的天气现象。雾是悬浮在贴近地面的大气中的大量微小水滴（或冰晶）的集合。霾，也称灰霾，是指因大量烟、尘等微粒悬浮而形成的浑浊现象。霾的核心物质是空气中悬浮的灰尘颗粒，气象学上称为气溶胶颗粒，灰霾颗粒污染主要以小于 2.5 微米（$PM_{2.5}$）的可吸入颗粒物组成。

霾和雾都会对能见度和人们的视程产生影响，给生活带来不便，但二者也存在很大的区别。首先是相对湿度不同。一般雾的相对湿度在 90% 以上，而霾在 80% 以下。相对湿度在 80%～90% 之间的为雾和霾的混合物。其次，能见度不同。按其定义，雾的能见度在 1 千米以下，霾的能见度小于 10 千米。另外，二者的颜色不同。雾是白色或灰色的，霾的颜色有点发黄。

雾霾天气的危害主要表现在使空气污染加重、能见度降低，严重影响人们的健康和交通安全等方面。

### （一）防御要点

（1）关闭门窗，减少污染。雾霾天气时，室外空气污染严重，不宜开窗通风换气。

（2）交通出行，先探路况。雾霾天气时，能见度低，易导致航班延误、道路封闭，人车出行最好先打听路况，以免行程受阻。

（3）出门戴口罩，防范 $PM_{2.5}$。为了减少空气中有毒物质对人体的损害，预防呼吸道疾病等，外出最好佩戴多层、棉布材质的口罩，这种口罩对污染物的过滤效果比较好。

（4）注意交通安全。雾霾天气出行，行人穿越马路时要当心，骑车、开车要减速慢行，注意交通安全。

### (二)应急措施

(1)谨慎驾驶。司机要打开防雾灯,小心驾驶,并密切关注路况,与前车保持足够的制动距离,减速慢行,控制好车速和车距。

(2)交通管制。雾霾天气能见度特别低时,机场要暂停飞机起降,高速公路要采取封闭、分流或引导措施,以确保交通安全。

(3)口罩防护。外出戴上口罩,防止空气污染影响呼吸道健康。

### (三)注意事项

(1)浓雾或重度霾天气时,老人、儿童及有呼吸道疾病或心肺疾病的人尽量不要外出。

(2)不要在雾霾天气时到室外锻炼。

(3)雾霾天气容易造成一氧化碳中毒,靠室内煤炉取暖的人们要做好通风措施。

## 七、沙尘灾害防护

沙尘天气包含浮尘、扬沙和沙尘暴天气。浮尘是尘土、细沙均匀地浮游在空中,使水平能见度小于10千米的天气现象。浮尘多为远处尘沙经上层气流传播而来,或为沙尘暴、扬沙出现后尚未下沉的细小颗粒浮游空中而形成的。扬沙是由于风大将本地地面尘沙吹起,能见度明显下降,使空气混浊的天气现象,水平能见度在1～10千米。沙尘暴也称沙暴或尘暴,是由于强风将地面尘沙吹起,使得空气相当混浊,水平能见度小于1千米的天气现象,出现时黄沙滚滚、昏天暗日。沙尘暴又分为沙尘暴、强沙尘暴和特强沙尘暴。沙尘天气的危害主要表现在对交通和环境的影响以及对人

# 第三章 重点气象灾害防护

体健康的损害等方面。

## （一）防御要点

（1）关好门窗，提早进行防范。沙尘天气来临前，要及时关好门窗，必要时可用胶条对窗户进行密封，并做好精密仪器的密封保护工作。

（2）避免外出，注意防风防尘。风沙天出门要穿戴防尘的衣服、手套、口罩、面罩、眼镜等物品，以减少沙尘对呼吸道和眼睛等的损害。

（3）补水保湿，抵御风沙侵害。在风沙天气里，空气十分干燥，容易上火，导致呼吸系统疾病，对此，除了要多喝水、多吃水果，及时补充身体水分外，还要加强皮肤保湿，用加湿器或用湿布擦地等方法给室内加湿。

（4）及时清洁除尘，关注身体健康。风沙天气时，从室外进入室内后，应及时清洗面部，用清水漱漱口，清理一下鼻腔，减轻感染的概率。房间内落满灰尘要及时清理，用湿抹布擦拭，以免造成室内尘土飞扬，防止尘土被吸入呼吸道。如果出现咳嗽、痰多、发烧时，应及时吃药、休息。如果这些症状在一段时间内不能缓解的话，应当到医院就诊。

（5）谨慎驾驶，注意交通安全。沙尘天气里天空呈黄灰色，光线暗，能见度低，司机应开启雾灯、近光灯和示宽灯。不要戴有色眼镜，要根据能见度情况控制车速和车间距，谨慎行驶。

## （二）应急措施

（1）停止户外活动。强沙尘天气里，人员应当留在防风、防尘的地方，不要在户外活动，特别是抵抗力较差的人更应该待在门窗紧闭的室内。露天集体活动或室内大型集会应及时停止，并做好人员疏散工作。

(2)交通应急管制。沙尘天气能见度特别低时,机场要暂停飞机起降,火车暂停营运,高速公路要采取封闭、分流或引领措施,以确保交通安全。

(3)幼儿园、学校采取暂避措施,建议停课。

(4)口罩纱巾防护。外出戴上口罩、纱巾,防止空气污染物吸入呼吸道,避免沙尘等侵入眼睛。

### (三)注意事项

(1)不要在沙尘天气里到室外锻炼。

(2)发生强沙尘暴天气时,老人、儿童及有呼吸道疾病或心肺疾病的人尽量不要外出。

(3)一旦发生慢性咳嗽或气短、发作性喘憋及胸痛时,应尽快到医院检查、治疗。

## 八、冰雹灾害防护

冰雹常砸坏庄稼,威胁人畜安全,是一种严重的自然灾害,很多雹灾严重的国家已进行了人工防雹试验。冰雹来自对流特别旺盛的对流云(积雨云)中,云中的上升气流要比一般雷雨云强,小冰雹是在对流云内由雹胚上下数次和过冷水滴相碰进而增长起来的,当云中的上升气流支托不住时就下降到地面。大冰雹是在具有一支很强的斜升气流、液态水的含量很充沛的雷暴云中产生的。每次降雹的范围都很小,一般宽度为几米到几千米,长度为20～30千米,所以民间有"雹打一条线"的说法。根据一次降雹过程中,多数冰雹(一般冰雹)直径、降雹累计时间和积雹厚度,将冰雹分为以下几类。

## 第三章　重点气象灾害防护

轻雹：多数冰雹直径不超过0.5厘米，累计降雹时间不超过10分钟，地面积雹厚度不超过2厘米。

中雹：多数冰雹直径为0.5～2厘米，累计降雹时间为10～30分钟，地面积雹厚度为2～5厘米。

重雹：多数冰雹直径在2厘米以上，累计降雹时间达30分钟以上，地面积雹厚度为5厘米以上。

### (一)防御要点

(1)注意收听天气预报，及时了解实时天气情况。

(2)及时关闭门窗。

(3)暂停户外活动。

### (二)应急措施

(1)户外作业人员暂停作业，到安全地方暂避。

(2)户外人员可把木板或盆、筐之类的器具顶在头上，以防被冰雹砸伤。

(3)行车途中如遇降雹，应在安全处停车，坐在车内静候降雹停止。

(4)加强农作物和温室、畜舍的防护措施，妥善保护易受冰雹袭击的汽车等室外物品或者设备。

(5)停止所有户外活动，疏导人员到安全场所。中小学、幼儿园采取防护措施，确保学生和幼儿上学、放学及在校安全。

### (三)注意事项

(1)妥善安置好易受冰雹影响的室外物品。

(2)切勿随意外出，确保老人、小孩留在家中。

(3)不要在高楼、屋檐下及烟囱、电线杆或大树底下躲避冰雹。

(4)在防冰雹的同时,也要做好防雷电的准备。

## 九、暴雪灾害防护

雪是由大量白色不透明的冰晶(雪晶)和其聚合物(雪团)组成的降水。降雪量是以雪融化后的水来度量的。降雪分为零星小雪、小雪、中雪、大雪、暴雪、大暴雪和特大暴雪七个等级。其中,大雪日降雪量为5.0～9.9毫米;暴雪日降雪量为10.0～19.9毫米。

### (一)防护要点

(1)注意收听天气预报。
(2)做好防寒准备,包括室内取暖设备及衣物。
(3)准备充足食品。

### (二)应急措施

(1)尽量待在室内,不要外出。
(2)如果在室外,要远离广告牌、临时搭建物和老树,避免砸伤。路过桥下、屋檐等处时,要小心观察或绕道通过,以免因冰凌融化脱落伤人。
(3)应给非机动车轮胎少量放气,以增加轮胎与路面的摩擦力。
(4)要听从交通警察指挥,服从交通疏导安排。
(5)注意收听天气预报和交通信息,避免因机场、高速公路、轮渡码头等停航或封闭而耽误出行。
(6)驾驶汽车时要慢速行驶并与前车保持合理距离。车辆拐弯前要提前减速,避免急刹车。有条件要安装防滑链,佩戴有色眼镜。

(7)出现交通事故后,应在现场后方设置明显标志,以防连环撞车事故发生。

(8)如果发生断电事故,要及时报告电力部门迅速处理。

### (三)注意事项

(1)关好门窗,固紧室外搭建物。

(2)居民要注意添衣保暖,尤其是要做好老弱病幼的防寒工作。

(3)外出要采取保暖防滑措施,当心路滑跌倒。

(4)司机要采取防滑措施,注意路况,听从指挥,慢速驾驶。

(6)船舶应到避风场所避风,高空、水上等户外作业人员应停止作业。

(7)处在危旧房屋内的人员要迅速撤出,尤其是遇到暴风雪时。

(8)提防煤气中毒,尤其是采用煤炉取暖的居民。

(9)如被暴风雪围困,尽快拨打求救电话。

(10)公用事业单位根据情况,启动防御工作预案。

(11)交通部门做好道路融雪融冰准备,如遇道路积雪结冰严重,可关闭道路交通。

(12)农业生产要积极采取防冻措施。

# 第四章 气象信息的发布与获取

## 一、天气预报、预警信号的发布与获取

### （一）广播

北京人民广播电台属下的各个专业电台都有天气预报栏目，只是各自播出的时段和频次不同，有的整点播，有的半点播。比如，北京交通台（FM 103.9）全天整点都播报天气预报，其中还有几个特别的天气栏目，即 07:00、12:00、17:00 三个时次的天气预报是将电话连到天气会商室，由气象局的值班人员直播的，08:00、19:00 两档天气预报节目还有气象专家直播，为听众解析天气焦点和热点。除此之外，北京新闻台（FM 100.6）在 09:13、12:13 和 17:53，以及城市管理广播（FM107.3）在 07:30、11:30、17:30 也都有专家版的直播气象节目。除了常规的天气预报，对于突发灾害天气，各家电台都会在收到气象部门传送的预警信号后及时插播。

### （二）电视

天气预报电视节目一般都是在黄金时间播出，比如晚上的《新闻联播》前后，北京电视台（BTV）在 18:55 播出的《天气预报》是北京市气象局制作的北京本地的天气预报，内容比较详细丰富，22:17 播

出的是北京市气象局制作的综合全国天气的《看气象》节目。而中央电视台综合频道(CCTV 1)在《新闻联播》后晚上七点半左右播出的是中国气象局制作的全国天气预报。中国气象局制作的《天气预报》,由于受节目时间的限制,对各省(区、市)的预报内容比较简洁。因此,要看天气预报,我们首推北京电视台的两档气象节目和海淀区电视台的《海淀气象》。其次推荐中国气象频道。中国气象频道是一个全天候提供权威、实用、细分的各类气象信息和其他相关生活服务信息的专业化电视频道,全天高频次滚动播出各类气象信息。观众只要打开电视机,就可以在十分钟内收看到所需的天气预报,其中的天气预警预报、城市天气预报等与百姓生活息息相关的内容每天可播出 144 次,遇有重大灾害性天气,频道可以进行连续直播报道。

有天气预警信息时,电视台一般会采取两种方式播出:在最新时段的直播新闻中播出,或者在屏幕下方以字幕滚动的方式播出。

## (三)报纸

除了广播、电视,报纸也是气象信息传播的一大传统媒体。目前,《北京晨报》《北京晚报》《北京日报》《北京青年报》《京华时报》《娱乐信报》《劳动午报》《现代商报》《法制晚报》《参考消息》等报纸都有气象部门专门提供的天气预报和气象热点新闻等,对天气的解读、相关气象知识、二十四节气、生活小提示都具有自身优势,有的报纸还有气象专版。需要说明的是,报纸一旦出版,信息是无法更新的,比如晨报的气象信息一般是前一天晚上提供,天气预报是气象台前一天 17:00 的会商结论;晚报的气象信息一般要求中午前提供,预报信息是气象台中午 11:00 会商的结论。因此,大家从报纸上获得的气象信息滞后于同一时刻从电视、广播、声讯电话、手机短信等途径获得的气象信息,也就是说,不是最新的天气预报。如果天气形势比较稳定,它们的差别一般不会很大,但是,如

海淀区气象信息员手册

果天气变化很快,差别就大了,有时甚至晴雨相反。有重要出行和户外活动的话,最好从声讯电话等渠道了解最新的预报信息。

由于天气预警信息的时效性,一般情况下报纸是不登载天气预警信息的。

### (四)声讯电话

通过自动或人工声讯电话了解天气信息是非常方便有效的方式,目前,"12121"和"96221221"声讯电话里的气象信息十分丰富,有36小时预报、48小时预报、未来一周天气预报、周末双休日预报、生活气象指数、交通天气、旅游天气等,您可以根据需要拨打。如果还有其他特殊需要的话,比如某时某地重大户外活动时的天气预报,您可以拨打"96221221"电话,按"＊"号键转气象专家人工服务咨询或预约所需的天气预报。声讯电话的优点是可24小时随时拨打,气象信息更新非常及时,可以保证您每次拨打时获得的都是气象部门发布的最新天气预报信息。

下面是"96221221"和"12121"声讯电话的具体气象信息内容。

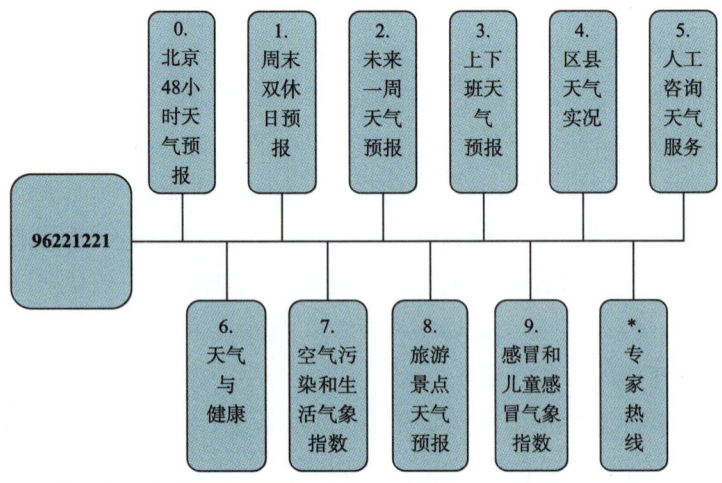

第四章 气象信息的发布与获取

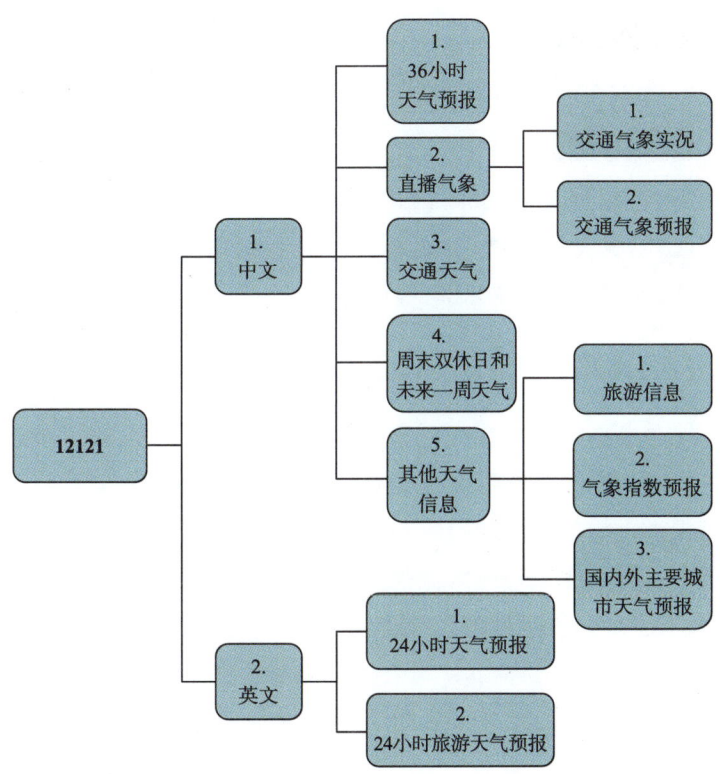

## （五）手机短信

通过付费获得手机短信天气资讯的优点是一旦订制成功，每天的天气预报就会在固定时段发到用户手机上，可以随时随地地看，不像看电视要担心错过天气预报节目时间。天气预警信息无需订制，预警中心会免费发送到用户的手机上。

（1）天气短信订制方法：

移动用户

- 发送"KTTQZX"到"10086"。

海淀区气象信息员手册

联通用户
- 发送"9"到"10655880002"。

电信用户
- 发送"8"到"106592233"。

（2）下载天气资讯彩铃：请拨打"12530300"，按"7"号键进入"资讯彩铃"专区，再按"3"号键即可试听。

### (六) 网络

现在很多网站含有天气预报信息，如搜狐、新浪、雅虎等。其中一些网站与气象部门有合作关系，预报、实况等信息直接从气象部门获得，内容可靠。但有一些网站的信息是经过非正规的渠道获得的，或者更新不及时，往往存在着过时或错误的信息。因此，上网查天气的话，尽可能选取较为权威的平台，如气象部门直属网站，以免被误导。目前北京市气象局的网站已经上线，可以查到北京地区今明两天的天气预报、天气实况和预警信息。另外，全国天气情况可从中国气象局"中国天气网"查询获得。以上网站网址如下：

- 北京市气象局网——http://www.bjmb.gov.cn/
- 北京服务您——http://www.beijing.gov.cn/zhuanti/bjfwn
- 中国天气网北京站——http://www.weather.com.cn/beijing/weather.shtml
- 中国天气通手机客户端——http://3g.weather.com.cn/
- 官方微博：【新浪】、【腾讯】、【搜狐】——"气象北京"

### (七) 移动媒体

现在的气象信息可谓无处不在，即使您不听广播、不看报纸电

# 第四章 气象信息的发布与获取

视、不上网、不打电话,也能在公共汽车上、地铁里、大街上获取天气预报、预警信息,因为城市里的公交、地铁以及部分出租车如今已经不是单纯的交通工具,还是承载各种信息的移动媒体。为了方便市民生活出行以及气象防灾减灾的需要,目前公交、地铁以及部分出租车上的电视都不定时地滚动播出24小时内的天气预报,以及各种突发或灾害天气预警信息。除此之外,车站的显示屏、楼宇电视联播网、户外大屏幕电视、一些社区显示屏,也每天滚动播出以上气象信息。需要注意的是,有的显示屏信息可能更新不够及时。

## (八)获取气象信息最优(新)的途径

日常我们通过不同的途径获得的天气预报结果可能不一样,这主要是因为:

(1)天气形势时时刻刻在发生变化,气象部门的天气预报也在随时更新。目前气象台对于常规天气的会商是一天4次,即05:00、11:00、17:00和23:00。但在有突发天气或天气发生变化时,则会随时根据天气变化进行订正,发布最新的天气预报。这就是说,不同的时间得知的天气预报并不相同,比如您10:00了解的天气预报一般是05:00会商的结果,而12:00的预报则是11:00会商的结论了。有突发天气变化时,可能12:05气象台对预报又进行了订正,那12:00的预报就又过时了。

(2)不同的途径获得的天气预报可能是不同时间发布的。在以上所有获取天气预报信息的途径中,除了电视和报纸因为受到其媒体自身特点的限制而不能及时更新外,其他几种途径都是可以随时更新的。天气预报信息更新最及时的是"12121"和"96221221"声讯电话,因为它不受时间、版面以及网络传输等条件的限制,24小时有人值守,是气象部门与电信系统联合经营管理的。另外,电台、手机短信、移动媒体和网络也很及时。但电台受播出时间的限制,如果错过了前一个天气预报的播送时段,就只能等到下一个时段再听了。而手机短信由于受到通信传输速度的影响,收到预报的时间会滞后一些。移动媒体和网络的缺点就是受众不能随时随地接收新的气象信息。电视台受节目时间安排的限制,只有有灾害天气预警信号时,才有字幕滚动播出更新,而报纸根本就无法更新。

那么,什么渠道的气象信息最新、最快、又最有保障呢?是声讯电话"12121"或"96221221"。因为声讯电话不仅有多个不同的语音信箱分装不同的气象信息,还有专家人工服务,更新最及时。任何时间、任何地点您只要拨一个电话,就可以获得自己需要的任何气象信息。其次是订制气象信息手机短信,只是信息的传送速度慢一些。比较而言,声讯电话会更好更快。

## 二、其他气象信息的获取方式

### (一)气象实况信息获取

现在,人们出行越来越频繁,由于交通受天气的影响,因此,出行对天气条件的依赖也越来越高了。为了不耽误行程安排,需要了解出行路上的天气实况信息。比如去天津,京津塘高速路上是否有大雾、冰雪影响交通,某地的气温实况怎么样,该穿什么样的衣服等。要了解这方面的信息,最好拨打气象专家热线电话进行咨询,到天气网站上也可以查到,但有些网站的气象信息的真实性、时效性不太有保障。目前北京市布设的自动气象站、人工气象站共200多个,道面自动监测站70多个,可以查询到本市各个站点的天气实况信息。全国主要城市的实况气象信息也可以通过专

# 第四章　气象信息的发布与获取

家热线（拨打"96221221"后按"＊"号键）查询。

### （二）气象历史信息查询和获取

一般比较简单的气象历史信息可拨打"96221221"声讯电话按"＊"号键转专家热线，人工咨询。

特定的、时间长的、数据比较多的气象历史信息需要找气象信息中心获取。北京气象信息中心档案馆的电话是"010-68400558"。按照相关法规，有的气象信息是免费的，有的则要收取一定费用。

### （三）开具保险等气象证明

如果因天气原因造成财产损失要求保险公司赔偿，一般都要开具气象证明。比如车辆因下暴雨被道路积水所泡，或因冰雹天气被砸等。您可以到北京市气象局专业气象台气象公证办公室、海淀区气象局开具证明，电话为"010-62553507"。

## 三、气象信息的反馈

不同的天气过程的影响范围、持续时间有较大差别，比如夏季的雷雨大风、冰雹等强对流天气就具有很强的局地性，"东边日出西边雨"的现象并不少见，气象部门难以监测到所有地方的天气实况。如果您在某时某地遭遇了突发天气，或碰到了气象灾情险情希望告知气象部门，或者您对天气预报服务有什么意见和建议，您都可以拨打电话"4006000-121"或"010-62553507"，及时反馈给气象部门，这将有助于提高气象部门的预报和服务水平，进一步提升气象服务的质量。

# 第五章 气象与人体健康

## 一、气象病

在现代医疗气象学上,气象病是指由天气或气候原因所造成的疾病。这类疾病的发作或症状加重,与气温、湿度、气压、风等气象要素的剧烈变化有很大的关系。气象病分三种:一种是和气象要素有直接关系的疾病,像中暑、冻疮、高山病、雪盲、晒伤等;一种则是由气象因素间接引发或者使病情加重的疾病,像流感、高血压、心肌梗死、关节炎、风湿病、哮喘等;还有一种与季节有关,如慢性气管炎、肺炎、心肌梗死、脑炎、痢疾等,这些病又称季节病。

早在两千多年前,我国医学家就认识到了气象条件对人体健康的影响。中医认为,"风、寒、暑、湿、燥、火"在一定条件下可以转化为"六淫",诱发肌体产生各种疾病。如春季多风病,呼吸道感染、心脑血管疾病、肝功能损伤和精神病为多发病,人体易受风邪侵袭。秋季多燥病,人体与外界相通的器官会发生一系列干燥症状等。夏季易感湿邪,皮肤宣泄功能失常,引起水湿代谢障碍,病原微生物易侵袭人体脾胃等。冬季易感风寒,皮肤血管收缩对高血压、心脏病、脑血管疾病的患者十分不利,并且肾炎病容易加重等。另外,天气变化、气候反常都会使人体不能与之适应而产生以气象要素为诱因的各种疾病。

# 第五章 气象与人体健康

如果我们了解四季的变化规律和可能产生的恶劣天气,以及天气、气候对人体疾病的影响,就可以因时预防、因时施治、因时养护,以达到养生健身的目的。

## 二、四季天气与气象病

### (一)春季

春季是一年中天气变化幅度最大的时期,是气温乍暖还寒、冷暖骤变的季节。这个时期一天中的气温差异最大,以北京为例,1966年5月3日的最高气温和最低气温相差竟达到26.8 ℃。春季正处在大气环流调整期,冷暖空气活动频繁。除了气温变化幅度大外,空气干燥并多大风天气也是另一个特点。春季还是沙尘天气的多发期,北京市每年春天沙尘暴、扬沙、浮尘等沙尘天气发生的平均日数达8~10天。沙尘天气使人的精神有强烈的压抑感,同时还会给皮肤、眼睛和呼吸道黏膜造成伤害。

春季天气变化多端,风又是百病之长,所以各种传染病和慢性病在春季的发病率都是最高的。在春季里,我们一定要及时收听天气预报,根据天气特点采取适当措施,特别要重视防风御寒、适时增减衣服;加强饮食调理,减酸为甘、多吃水果蔬菜;起居有常、生活有规律、保证足够的休息时间;注意个人和环境卫生,开窗对流保持室内空气新鲜;加强体育锻炼以增强自身体质;保持良好的心态。

春天百花盛开,繁花似锦,此时空气中飘浮大量花粉颗粒,尘埃、尘螨和真菌的浓度也处于最高时期。其中有很多是致敏物质,它可以对过敏体质的人群诱发变态反应,从而引起过敏性皮炎、过敏性鼻炎、哮喘以及荨麻疹等疾病。过敏体质的人一定要远离这些过敏原,外出时要注意做好个人的防范措施。

## 1. 大风天气

春季是冬季与夏季的过渡季节,冷暖空气势力相当,而且都很活跃,所以经常出现大风天气。一次大风天气的到来,带来冷空气,使气温下降,同时降低了空气湿度。

**常见疾病**:感冒、鼻炎、关节炎、精神病、皮肤病等。

**发病人群**:儿童、老年人、有宿疾的人。

**预防建议**:

(1) 尽量避免让儿童参加集体活动或少到公共娱乐场所,应按时进行各种预防注射,以增强免疫力。

(2) 春季多风,沙尘、螨、霉菌等的不良刺激是导致鼻炎的重要原因。预防鼻炎要从防寒保暖做起,经常冷水洗鼻,改掉抠鼻子和剪鼻毛等不良卫生习惯,排出鼻涕时不要用力擤鼻,少吃辛辣刺激性食品。

(3) 关节炎患者应重视关节及脚部保暖。如果受寒,应及时用热水泡脚,并加以按摩,以增加关节血液循环。

(4) 对有精神病异常迹象者,应及时到医院诊治。根据季节和气象变化对精神病人进行科学护理,让其注意睡眠和休息,给他们创造一个舒适的环境。

(5) 皮肤易过敏的人尽量少晒太阳,多吃新鲜蔬菜水果,对易致过敏的虾类、淡菜等不吃为宜。

## 2. 沙尘天气

沙尘天气发生的结果就是大气中各种悬浮颗粒急剧增多,特别是对人体有害的可吸入颗粒物浓度也急剧升高,从而导致空气质量下降。大气中的悬浮颗粒对人体的呼吸系统危害极大。这种颗粒经过呼吸进入呼吸道,尤其是直径在 $0.5 \sim 5$ 微米的颗粒可进入支气管、细支气管,最后沉降于肺泡,从而对肺组织产生强烈的

# 第五章 气象与人体健康

刺激作用,引起急、慢性呼吸道疾病。另外,颗粒物表面还吸附着多种有害物质,如细菌、病毒和有害化学成分,这些成分通过肺组织进入血液循环,对人体全身有危害作用,可诱发呼吸道疾病,导致多种慢性病,甚至癌症。

**常见疾病**:急、慢性呼吸道疾病,过敏性疾病、传染病等。

**发病人群**:患有呼吸道过敏性疾病的人、体质弱者、儿童、慢性病患者等。

**预防建议**:

(1)在沙尘天气发生时,尽量减少外出,需外出时,注意戴好口罩、纱巾等防尘用品,以免沙尘对眼睛和呼吸道造成损伤。

(2)心脏病和呼吸系统疾病患者应减少体力消耗和户外活动。

(3)老年人和心脏病、肺病患者应待在室内,关闭窗户,并减少体力活动。

(4)当沙尘暴来到时,老年人和病人应减少活动,避免体力消耗;一般人群也要避免户外活动。

(5)出现强沙尘暴天气时,人们应待在防风安全的地方,不要在户外活动;学校尽量推迟上学或放学时间,直至强沙尘暴结束。

### 3. 倒春寒天气

一般人们把入春后"前暖后冷"的天气称为"倒春寒"。入春是指气温上升到候(5 天)平均气温高于 10 ℃以后。在这个条件下,本应逐渐回暖,但在受到较强冷空气影响后,气温会突然下降,最低气温小于-5 ℃或日平均气温小于 0 ℃时,这就是气象上定义的"倒春寒"。

"倒春寒"的到来,会给人体健康带来危害,特别是年纪大的人。因为老年人的热平衡能力较差,而且循环系统已不像年轻人那样旺盛,很容易受到"倒春寒"的刺激。在"倒春寒"期间,高血压、脑出血发病率明显增高,这是因为交感神经受寒冷刺激兴奋度增高,全身皮肤表层毛细血管收缩,使血流阻力增大,从而导致血压升高。

**常见疾病**:高血压,脑血栓,关节炎,麻疹、白喉、百日咳、猩红热、气管炎等传染病等。

**发病人群**:中老年人、体质弱者、儿童等。

**预防建议**:

(1)人们一定要注意防寒保暖,尽量多"捂一捂",尤其对于头部,以及手、脸等容易遭受冷空气袭击的部位。

(2)在睡觉时应将被子盖得稍厚一点,以不出汗为宜。

(3)中老年人平时应多参加各种室内外健身活动,不宜久坐不动。

(4)儿童要按时进行疾病的预防接种。

### 4. 晴好天气

春暖花开,有些人会出现流鼻涕、流眼泪、打喷嚏、鼻痒、鼻塞、眼及外耳道奇痒,常常被人误认为患了感冒,有严重者还会出现胸闷、憋气,以致诱发支气管炎、心肺病等,令人痛苦不堪。若这种病症随着花落而消失,说明可能是得了花粉过敏症。

**常见疾病**:花粉过敏症。

**发病人群**:过敏体质的人。

**预防建议**:

(1)有花粉过敏的人应尽量避免到花草树木多的公园、野外去,避免同过敏原接触。

(2)需要外出时,也应注意戴上口罩、墨镜等,必要时应带些防止过敏的药物,如扑尔敏等。症状严重的患者可到异地,尽可能地避免接触花粉。

## 第五章　气象与人体健康

### 5. 春夏之交

春夏之交,正是各种细菌滋生、多种疾病易发的季节。气候变化无常,是呼吸道感染疾病、肠道传染病的易发时节。春去夏来,时而春雨霏霏,阴寒潮湿,时而夏日当空,风疾清凉,对免疫机能较为低下的易感人群来说,也是一个多事之际。人们的精神状态和消化系统等受到外界环境影响,容易出现功能失调,表现为倦怠、易困乏力、食欲不好等状态。

**常见疾病**:呼吸道感染疾病、肠道传染病、流行性结膜炎、流行性乙脑、小儿疳热等。

**发病人群**:幼儿、体质弱者等。

**预防建议**:

(1)春夏之交,早晚温差较大,要注意保暖和休息,不要淋雨,让身体逐步适应天气变化。

(2)老年人和小朋友需要注意,不要在空气相对浑浊的早晨和傍晚运动。

(3)注意个人卫生,养成良好的卫生习惯。不喝生水,饭前便后要洗手,且需注意饮食卫生,如不吃腐败变质的食物,不吃苍蝇叮过或蟑螂爬过的食品。

(4)注意饮水卫生,尽量饮用开水或符合卫生标准的瓶装水和桶装水。

(5)保证充足的睡眠,均衡饮食营养,多喝水。

(6)对于患有呼吸道感染、肠道传染病较严重、传染性较强者,最好在家里充分休息,不要到公共场所,以免引起交叉传染。

(7)预防疳热应注意饮食要多样化,定时定量,养成良好的卫生习惯,积极参加体育锻炼。

## (二)夏季

一说到夏天,人们首先想到的就是热。夏季是一年当中气温最高的时期,也是一年中天气变化最剧烈、最复杂的时期,降雨主要集中在这段时间里。特别是7月下旬到8月上旬,常常是大雨和暴雨的集中期。另外,各种灾害性天气,例如雷电、冰雹、大风、洪涝、干旱等也多发生于此时。

夏季天气炎热,在高温的环境中人体的很多功能都会发生变化,特别是人体体温调节、水盐代谢、消化、循环、神经、内分泌系统。这些变化一旦不能很好地适应环境,人体就会有各种不舒适感,中暑就是夏季里最多见的一种情况。另外,夏季高温、高湿,是细菌繁殖活跃期,是各种传染病,特别是消化道传染疾病的多发期。为了能平安度过夏季,人们在日常生活中应该注意以下几方面:

**合理饮食**

多吃清淡、少吃油腻食品,多吃一些带有苦味的蔬菜,如苦瓜、丝瓜、苦菜等。苦味可以促进食欲,可以清心健脑,可以促进造血功能,还可以泄热排毒。

**动静适宜**

锻炼应在清晨、上午,一天中相对凉爽的时段进行,切忌在烈日下锻炼。活动强度一定要适量,而且时间不宜过长。

**起居有序**

由于暑热使人夜晚睡眠减少,中午要适当休息,以补充睡眠。另外,睡觉时一定要注意空调的温度不可调得太低,一般在26~28℃较适宜,还要注意经常开窗通风以使室内空气洁净。

**着衣科学**

夏季着衣要遵循"凉爽、简便、宽松、美观"的原则。盛夏酷暑有些人喜欢打赤膊,以为这样可以凉快些,其实并不是这样。当气

# 第五章　气象与人体健康

温接近或超过人的体温时,赤膊不仅不凉快,反而更热,因为只有当皮肤温度高于环境温度时,才能通过辐射、传导散热。

### 1. 高温热浪天气

当一天的最高气温达到或超过 35 ℃时,就叫作高温天气。如果连续几天最高气温都超过 35 ℃,人们常称之为"高温热浪"天气。

气温高,人体代谢旺盛、能量消耗较大,而炎热又常使人睡眠不足、食欲不振,这样,人体的免疫力和抵抗力就下降。如果过于贪凉(如露宿、电风扇直吹、空调温度调得太低等),病菌、病毒就会乘虚而入,从而导致伤风感冒。

气温高,人体出汗较多,而老年人体内水分又比年轻人要少,加上生理反应迟钝,所以在夏天最容易"脱水"。"脱水"会使血液黏稠,这对患有高血压、高血脂或心脑血管病的老年人来说,无异于"火上加油",输向大脑的血液受阻变缓,发生中风的概率自然增高。

人体正常体温保持在 37 ℃左右,皮肤温度保持在 32 ℃左右,和外界的热量交换主要通过传导、对流、辐射以及水分蒸发等方式。随着气温的升高,以传导、辐射的方式散热逐渐减少,汗液蒸发散热逐步增加,当外界气温高于 32 ℃时,大部分热量要通过汗液蒸发了。当外界温度过高,达到 35～39 ℃,加上劳动强度大,体内产生的热量就不容易散发,从而引起体温升高,出现上述一系列症状,称为热射型中暑,是中暑最严重者;二是热衰竭型中暑,主要是因大量出汗引起,多表现为面色苍白、皮肤多汗、呼吸浅、脉搏弱、血压下降、意识不清;三是痉挛型中暑,主要是体内因大量出汗,丢失了盐分引起肌肉痉挛,常与热衰竭型中暑同时出现,有口渴、乏力等症状,突出表现为肌肉抽筋;四是日射型中暑,主要是夏日阳光直射头部而产生的脑部损害,有头痛、头昏、恶心等症状,重者昏迷、体温升高。

**常见疾病**:热伤风、热中风、心力衰竭、中暑、疰夏性头痛等。

**发病人群**:老年人、体质弱的人。

**预防建议**:

(1)预防伤风感冒,关键是避免着凉,如在大汗淋漓时,不要用凉水冲凉。同时还要注意劳逸结合,保证一定的睡眠和营养供给,使身体处于较佳的状态。

(2)预防热中风,首先是要注意补充水分,特别是老年人,要做到不渴时也要常喝水。患有脑血管病的人,家属要时时注意病人症状。一般来说,头昏头痛、半身麻木酸软、频频打哈欠等都是中风的预兆,这些症状明显时,一定要去医院求诊。

(3)预防中暑,要注意收听天气预报。遇到高温天气,在11:00—15:00尽量减少外出,适当午睡;要穿着宽松、纯棉或丝质透气、吸汗的衣服,多喝些淡盐开水、绿豆汤;如果你到室外,从事建筑、指挥交通、野外工作、外出旅游、观看露天体育比赛等,一定要做好防护措施,如戴好草帽、太阳镜、遮阳伞等,另外,还可以带些防暑药品,如人丹、十滴水等。不要长时间在太阳下暴晒,注意到阴凉处休息。年老体弱者外出时一定要有家人陪同。一旦发现中暑现象,立即将人送到阴凉通风处,喝凉开水和十滴水,严重昏迷的立即送往医院救护。

(4)防心衰应是在高温热浪来临前,排除对心脏不利的各种因素,如戒烟、少饮酒,进食低脂、低盐饮食,把血液胆固醇水平和血压控制在正常范围内,避免情绪激动和过度劳累等。当滚滚热浪袭来时,要加强各项防暑降温工作,对容易发生心力衰竭的人予以重点防护。

(5)气温超过37℃的高温酷暑时,身体虚弱、气血不足者就会

## 第五章　气象与人体健康

出现头痛,医学上把这种头痛称作疰夏性头痛。预防疰夏性头痛,应注意防暑,保证一定的睡眠,饮食以清淡为主,多吃蔬菜、水果。

### 2. 雷雨、冰雹天气

雷雨、冰雹是发生在夏季的一种短时强烈的灾害性天气。在雷雨冰雹天气出现前,一般为高温闷热天气。随着雷雨冰雹天气的到来,气温陡降、气压下降,有慢性病的患者一时无法应对气象要素的突变,而诱发疾病。

**常见疾病:** 冠心病、高血压、感冒、关节痛等。

**发病人群:** 体弱多病的中老年人、儿童,以及有疾患的人。

**预防建议:**

(1)注意天气预报,随时根据天气变化增减衣服。

(2)雷雨冰雹来袭时,尽量不要外出;在户外的人,应躲避到安全处。

(3)不要贪凉,电风扇不要直吹,空调温度保持在26 ℃左右。

(4)注意合理饮食、保证充足睡眠和休息。

(5)患有高血压的病人,应注意按时吃药。因为夏天血压会相对降低,此时不要认为自己的血压就正常了,一旦有剧烈的天气变化,血压波动会很大。

### 3. "桑拿"天气

所谓"桑拿"天气,就是夏季高温高湿闷热天气的一种俗称。三伏天里,有时温度虽然不是很高,但湿度很大,感觉依旧闷热难耐,像蒸桑拿一样。

这种天气条件下,食物很容易腐败变质,人们不小心食入,便会发生腹泻或细菌性痢疾等胃肠道疾病。闷热天气,人体排汗不畅,还容易导致皮肤过敏症,特别是 10 岁以下的儿童,主要为丘疹样荨麻疹、湿疹、接触性皮炎等,原因是儿童对高温高湿天气的适应能力差,以及由蚊虫叮咬、花粉、粉尘过敏等引起的。

**常见疾病**:胃肠道疾病、心脑血管疾病、皮肤病、乙脑、登革热等传染病。

**发病人群**:儿童、体弱中老年人、体质弱者。

**预防建议**:

(1)注意饮食卫生,不吃隔夜饭菜,尽可能吃熟食热食,少吃凉拌菜或冷食,不要吃变质食物。

(2)在流汗较多时,注意皮肤清洁,经常洗澡和擦身,保持汗腺通畅,以免引起汗腺炎症。

(3)小朋友吃冷饮要适度,不可暴饮暴食;喝开水或凉开水,不要喝生水。

(4)保持良好的个人卫生习惯,如勤洗手。

(5)有病及时就医,以免殃及家人和朋友。

(6)心脑血管疾病的患者应减少外出,多喝绿豆汤之类的饮料补充水分。另外,空调的温度不要调得太低,注意通风。手边最好常备急救药物。病人的家属应常陪伴患者,使其保持心情舒畅。

(7)蚊虫是乙脑、登革热病毒的主要传播媒介,蚊虫通过叮咬携带乙脑病毒的人或动物的血后,当它再叮咬人时,就会把病毒带给后者,使后者感染病毒而得病。因此,做好除蚊灭蚊工作,是预防传染病的关键。

### 4. 暴晒天气

夏天是紫外线辐射最强的季节。人们穿得少,肌肤裸露在阳光下的机会最多,受到紫外线伤害也最大。紫外线对人体的皮肤和眼睛的影响最为明显。皮肤被紫外线过度照射后,会产生皮肤干痛、表皮皱缩,甚至起泡脱落,严重的还可引起人体疲乏、低热、

## 第五章  气象与人体健康

嗜睡等不良反应。有些人的皮肤由于对紫外线过敏，光照后会发生日光性皮炎（又称晒伤），暴露区皮肤瘙痒、刺痛、皮肤脱屑，还可能溃破结痂。长期在阳光下暴晒，还会导致皮肤各种病变。

**常见疾病**：皮肤病、眼病等。

**发病人群**：被阳光暴晒的人。

**预防建议**：

（1）在 11:00—16:00 不要进行户外活动，更不要在海滩晒太阳，尽可能待在阴凉处。

（2）需户外工作的人员，要采取防护措施，如戴太阳镜或宽边草帽，打太阳伞，涂防晒霜等。

（3）尽量不要穿太裸露或袒胸露背的衣服，以防被太阳灼伤。

（4）儿童特别容易晒伤，家长不要让他们长时间逗留在阳光下。

### 5. 夏末秋初

进入换季的阶段，天气开始变冷，对于原来就有消化道溃疡的老病号来说可是有点难熬，尤其是胃溃疡和十二指肠溃疡的病人。胃溃疡一般的症状是在饭后会出现胃部疼痛，而十二指肠溃疡则正相反，是在空腹状况下易出现疼痛反应，有时在夜间也会发生。这两种溃疡都是一到季节交替的时候病人就会增加，而且有自己的节律性和周期性。

夏末秋初正是野草开花的时候。野草开花很小，既不艳丽，也无芳香，很容易被人们忽视。当大量的花粉被风吹到空气中，有些人便会出现流鼻涕、打喷嚏、五官奇痒等症状，甚至还会诱发哮喘；而当野草衰败后，这些人的病症不治而愈，这就是夏秋花粉过敏症。致敏的野草一般是蒿属植物或葎草（拉拉秧）。

**常见疾病**：消化道溃疡、花粉过敏症等。

**发病人群**：体质弱者、过敏体质的人。

**预防建议**：

（1）养成良好的生活习惯非常重要。天气变冷对消化道溃疡病人是个特殊时期，因为这时胃黏膜的保护能力受天气的影响会下降，这时药物、细菌、吸烟、饮酒和辛辣食物的刺激加剧了对黏膜的刺激，伤害也更大。有消化道溃疡病的人要养成不吸烟、少饮酒和不吃辛辣食物的好习惯。

（2）不要让自己太疲劳。对于消化道溃疡反复发作的病人，要坚持吃药，抑制胃酸，避免所有容易引发消化道溃疡的诱发因素。

（3）有花粉过敏症的人，特别是对蒿属植物或葎草过敏的人，一定要避免与花粉接触。尽量不要外出，家里挂上湿窗帘或门帘，减少花粉进入室内；外出时，戴上口罩防护。病情较重者，可考虑异地疗养，到南方此类植物少的地方。

## （三）秋季

秋天是一个黄金季节，秋高气爽、月明风清、丹桂飘香、霜露雁行。在这个季节里，白天渐短、黑夜渐长，大气环流将会有明显的调整，北方冷空气势力加强，暖湿空气逐渐向南退缩。秋季冷锋活动明显增多，一般三五天就有一次冷锋过境。冷锋过境时，各种气象要素会有一个突变，气压升高、气温下降、湿度减小、风力加大等。到了深秋，随着冷空气的加强，冷锋还会造成寒潮天气。寒潮是强冷空气暴发过程，在24小时内气温下降10 ℃以上，并且最低气温达到5 ℃以下，会对人体健康带来很大影响。秋季还是大雾天气的多发期，由于地面逐渐变冷，再经过一夏天降雨，地表含水量较多，所以在天气形势有利的情况下，水汽便凝结形成大雾。

秋季天气的主体表现为气温逐渐降低，"白露秋分夜，一夜冷一夜"。这种变化又有昼夜温差大、冷暖变化极不规律的特点。中

# 第五章　气象与人体健康

医认为,秋主收,燥为秋之主气。阳气渐收、阴气渐长、景物萧条、空气干燥,这给人体带来较大影响,所以也有"多事之秋"的说法。在秋季养生中,专家建议:早睡早起、收神"蓄阴";饮食清润,补益"滋阴";适量运动,内敛"护阴";适当秋冻,防病"养阴";巧用药物,辩证"补阴"。

秋季是夏冬的转换期,天气变化往往使人措手不及,冷暖变化的不规律是各种疾病多发的原因。最常见的有中风、支气管炎、哮喘、胃病复发等。其主要原因是人体受冷空气刺激,导致交感神经兴奋、血压升高,促进了血栓的形成。同时,血液中的组氨酸增多、胃酸分泌增加、胃肠发生痉挛性收缩也可导致这些疾病的发生。

金秋季节,是进行各种运动锻炼的好时机,不仅可以强身健体,而且能调节改善心理状态。运动项目宜选择跑步、快步、太极拳、球类等。进入秋季后,只要身体健康,无论大人小孩,都要适当少穿一些。因为微寒的刺激,可以提高大脑的兴奋性,增加血流量,增强皮肤代谢功能,有利于疾病的预防。但"秋冻"要因个人体质及运动量大小而定,以身体不过于感到冷凉为宜。

## 1. 干燥天气

秋季天气干燥,温度变化较大,容易发生与气象相关的疾病,需要谨慎预防。因为,与夏季相比,秋季天气开始变冷、降水减少,这使得气温与湿度有所降低,气压则有所升高。气象要素的这种变化会影响到人体细胞的摄氧量。对于一部分人来说,抑郁、失眠、头痛等症状就是肌体适应气候变化的反应。冷干的气候常使人们口唇、口角周围皮肤黏膜干裂,周围的病菌乘虚而入造成感染,引起口角炎。气候干燥人们常用舌头去舔,更容易使口角干裂。

到了秋季,气温渐渐转冷,皮肤遇冷后毛孔会自动收缩,导致皮肤的代谢功能失衡、分泌排泄不畅。皮肤极易出现干燥、脱屑、皮疹、痤疮等问题。

**常见疾病:** 口角炎、皮肤疾病、胃痛、关节痛等。

**发病人群:** 儿童、年老体弱者。

**预防建议:**

(1)在秋季常爱口干舌燥的人,平时要多饮些开水、淡茶等饮料。

(2)吃适量的生梨、苹果、柿子、柑橘、葡萄等水果,以满足肌体对营养的要求,提高抗燥、抗病能力。

(3)保护好面部皮肤,保持口唇清洁卫生,进食后及时擦嘴也是有效的防范措施。

(4)患有慢性胃炎的人要提早添加衣服,睡觉时要盖好被子,防止腹部受凉导致胃病复发或加重。

### 2. 秋雨天气

俗话说"一场秋雨一场凉"。秋天的降水,往往伴有较强的冷空气,所以降水过后,气温下降明显。如果被秋雨淋湿,很容易患上伤风感冒,旧病也容易复发。

**常见疾病:** 胃溃疡、十二指肠溃疡、胃肠炎、伤风感冒、慢性支气管炎等。

**发病人群:** 体弱多病者。

**预防建议:**

(1)根据气温变化随时增减衣服对防病非常重要,尤其可以减少呼吸道疾病的侵犯。俗话说"二八月乱穿衣",一定要以自己的身体感受为准,不要仿效别人穿什么,因为不同的人身体抵抗力不同,耐冷、耐热能力也不同。

## 第五章　气象与人体健康

(2) 注意腹部的保暖，避免胃部受寒，引起胃病的复发。有胃病的人，应注意保暖，即使热得出汗也不要敞胸露怀，夜间睡觉时要盖好被子，以防受凉。

(3) 要加强体育锻炼，提高肌体的抵抗力，并要注意劳逸结合，增强人体对寒冷的适应性以减少胃病的发生。

(4) 外出时一定要根据天气情况做好防雨准备，避免被雨淋湿而生病。

### 3. 大雾天气

产生大雾的天气形势相对比较稳定，气温、气压变化较小，风力不大甚至静风，逆温层厚且持续时间长，空气湿度大，近乎饱和。在这种天气条件下，空气污染物不易扩散，堆积在近地层，空气混浊，病毒、细菌附着在水汽或气溶胶粒子上，这样的环境极不利于人体健康。

在科研人员的疾病调查中发现，大雾天气对心脑血管疾病和呼吸道疾病患者，特别是对60岁以上老人影响最大。

**常见疾病**：心脑血管疾病、哮喘等。

**发病人群**：年老体弱者。

**预防建议**：

(1) 早晨往往是大雾最浓的时候，喜欢晨练的朋友，在大雾天气里，不要在户外锻炼。

(2) 有高血压病的人，要保持身心健康，除了要防止情绪激动、过度劳累和用力过猛外，还要根据天气变化适时增衣添帽、改变饮食等，来防止脑溢血的发生。

### 4. "秋老虎"天气

"秋老虎"天气是指立秋以后的回热天气或气温不降的高温天气。"秋老虎"天气虽然很热，但还是有别于盛夏的酷热，湿度小、空气干燥,因此,人的感觉不至于太闷,但是却会很"燥",容易上火。另外,在"秋老虎"的天气里,人们容易放松对寒凉的警惕性。特别是在夜晚,可能上半夜时还是燥热难当,但下半夜或凌晨时就有可能转凉。因此,早晚要注意加衣,不要赤膊露体,防止受寒。

**常见疾病**:胃肠道疾病、心脏病、支气管炎、哮喘、鼻窦炎等。

**发病人群**:儿童、老年人、孕妇以及慢性病病人。

**预防建议**:

(1)在室内工作和生活时,由于感觉热而开启空调,空调的温度要保持在25～27 ℃,同时要注意保持室内空气流通。

(2)要劳逸结合,保持充足的睡眠。

(3)儿童应当预防游泳、吃冷饮等消暑活动过量后引发的不适症状。

(4)老人多注意保护自己的心脏。

(5)孕妇应着重预防昼夜温差引起的感冒。

### 5. 冷锋天气

冷锋是指冷空气与暖空气的交接面,而这个交接面是被冷空气推动的。冷锋过境是一种天气突变,主要表现为气温、气压、降水、风向风速的突然变化。

冷锋过境对人体健康的影响是很明显的。每当冷锋来临,在气温由高变低、风力由小变大的转换期内,心脏疾病发作频繁,有一半左右的心肌梗死和冠心病患者,病情不同程度地加重。冷锋过境还对风湿性关节炎患者有很大影响。因为这些患者关节周围血管的收缩扩张功能较差,天气突变时,炎症性关节组织功能紊乱,毛细血管出现淤血和血流不均现象,从而导致疼痛和组织浮肿。支气管哮喘在冷锋过境的当日发病率最高。因为哮喘症多半都是由感冒或鼻炎诱发的,而感冒或鼻炎与冷锋活动有直接关系。

# 第五章　气象与人体健康

肺炎虽是由病菌引起的传染病，但它的发生、恶化与冷锋过境也存在着较明显的时间对应关系。肺结核患者的咯血也是随着冷锋的逼近而加剧。青光眼与高血压关系十分密切，当血压有波动时，可导致眼压波动，从而诱发青光眼的发作。

**常见疾病：**心脏病、风湿性关节炎、支气管炎、肺炎、肺结核咯血、青光眼等。

**发病人群：**慢性病患者、体质弱者等。

**预防建议：**

（1）慢性病患者平时要注意加强耐寒锻炼，增强体质，改善心肺功能，提高肌体免疫力。

（2）要及时了解气象信息，当有冷锋过境时，可提早就医，备足药品。

（3）要及时增加衣被，避免受凉；早晚出门最好能戴上口罩，以减少冷空气的直接刺激。婴幼儿由于肺功能尚不太强，在冷锋过境时，尤其要注意为之保暖，少带或不带到公共场所，这样既预防了感冒，又杜绝了感染肺炎的可能性。

（4）青光眼的患者要了解天气预报，在冷锋即将到来时，一定要控制血压，这样才能避免青光眼的发作。

### 6. 秋冬转换

秋冬季节转换，气温骤然变冷。在这样的环境下，呼吸道黏膜不断受到乍暖乍寒的刺激，致使黏膜上皮纤毛运动紊乱，功能失调，防御能力下降，抵抗力减退，给病原微生物提供了可乘之机，极易使人伤风感冒，还会引起扁桃体炎、气管炎和肺炎等。患有慢性支气管炎和哮喘的病人症状也往往会加重。

秋冬季节又是心血管病的多发季节。因天气转凉，皮肤和皮下组织血管收缩，心脏血管负担加大，导致血压增高。寒冷还会引起冠状动脉痉挛,直接影响心脏本身血液的供应,诱发心绞痛或心肌梗死。

而当人体受到冷空气刺激后,胃酸分泌大量增加,胃肠发生痉挛性收缩,抵抗力随之降低,因而诱发胃病。

**常见疾病:** 呼吸道疾病、心血管疾病、胃肠病等。

**发病人群:** 儿童、老人、有疾患者。

**预防建议:**

适度锻炼。尤其是儿童、老年人和体弱多病者,应随时注意天气变化,适度锻炼,增强抗寒能力,积极预防感冒等呼吸道疾病。平时注意锻炼身体,这样助于预防心肌梗死病的发作。

## (四)冬季

冬季常见的一些天气主要有大风降温、大雪、寒潮和低温冻害等。针对冬季天气气候特点,养生时一定要避寒就温、敛阳护阴,这样才能保持阴阳平衡,身体健康。生活规律、坚持锻炼是消除冬季烦闷的良药,俗话说"冬天动一动,少闹一场病","冬天懒一懒,多喝药一碗",冬季饮食的基本原则是保阴潜阳,宜食温热味浓厚的食品。冬季还是进补的好时机,"冬天进补,开春打虎",此时进补易于蕴藏,能有效发挥滋补的作用,是身体调养的最好时机。

### 1. 大风降温天气

冬季大风降温天气一般都伴随着空气湿度的迅速下降,这种天气使人感觉寒冷、干燥。寒冷的感觉一方面是气温下降所致,另一方面,大风会加快环境与人体的热量交换,使体内热量散失过快。风寒效应也会造成人的抗病能力下降,引起各种疾病。

**常见疾病:** 呼吸系统疾病,手足皲裂、皮肤瘙痒等皮肤病,面部

## 第五章　气象与人体健康

神经麻痹病,偏头痛等。

**发病人群**:中老年人。

**预防建议**:

(1)多喝水,保持体内水分。

(2)北方室内空气相对湿度应保持在30%～50%,可使用加湿器进行调节。

(3)老年人外出时,最好戴帽子和围巾保暖,尽可能不要迎风走。

(4)老年人应特别注意手和足部的防寒保暖,并经常用温热水泡洗,外搽一些油脂性的护肤品,以免加剧手足皲裂。

(5)患有皮肤病的老年人,要保持内衣和内裤清洁、柔软、宽松,内衣、裤最好是纯棉织品。

(6)洗澡时的水温不宜过高,浸泡的时间不要过长,不要用碱性肥皂,以减少刺激。

(7)居室内尽量保持适宜的温度、湿度。正常情况下,冬季室内温度应为16～20 ℃、相对湿度为30%～40%。若相对湿度低于20%,就应进行调节,如在地上洒点水,晾几件湿衣服,加湿器加湿等。

### 2. 连阴雨雪天气

连阴雨雪天气的特点是气温低、湿度大、光线暗。

**常见疾病**:关节炎、慢性腰腿痛、抑郁症、偏头痛等。

**发病人群**:中老年人,关节炎、慢性腰腿痛的患者,有心理疾病的人。

**预防建议**:

(1)患有骨关节炎、慢性腰腿痛的人,特别是中老年人,应注意天气变化,因冬季连阴雨雪天气可使疼痛症状加重,使活动困难。

此时应避免关节的过分活动或持重物,以免造成关节劳累再损伤。急性发作期剧烈疼痛时,应限制活动,适量运动或卧床休息,局部热敷、按摩、理疗均可减轻症状。

（2）患有心理疾病的人,注意情绪调节,要经常晒太阳;当室内光线暗时,要打开电灯,使视线接触到的地方,光线充足;休闲时听听音乐,尽可能地控制忧郁烦闷情绪,防止疾病的发生。

### 3. 大雾天气

大雾在一年四季都会产生,秋冬季节是北京大雾的频发期,冬季的大雾往往持续时间长、浓度强、污染严重,阴冷的气象条件更容易让人感到不适。大雾天气形势相对比较稳定,空气污染物不易扩散。据测定,雾滴中含有的各种酸、碱、盐、胺、酚、尘埃、病原微生物等有害物质的比例,比通常的大气高出几十倍,很容易引发疾病。在大气中二氧化硫浓度高的情况下,还常常会出现酸雾(即pH值小于5.6的雾滴)。临床研究表明,当人体吸入酸雾后,可使呼吸系统功能衰退、肺泡弹性减弱,可引起支气管炎、支气管哮喘和肺气肿等。雾滴中的二氧化碳对呼吸道有刺激作用,能使呼吸道变窄;雾滴中的二氧化氮和粉尘,可引起急性哮喘病发作;高浓度的臭氧雾滴能使肺部严重受损,可造成心血管、呼吸系统疾病患者的病情加重。长期吸入附着各种污染物的雾气,对幼儿及青少年的生长发育有一定影响。

大雾天气除了雾气外,其特点是气温日较差小、无风或微风、湿度大、有逆温层存在。在这种条件下,用煤炉取暖的人家,室内烟囱中的一氧化碳很难扩散出去,有时甚至会发生往室内倒灌的现象,从而引发煤气中毒。

**常见疾病**：呼吸系统疾病、心脑血管疾病、煤气中毒、哮喘等。

**发病人群**：儿童、老年人。

## 第五章　气象与人体健康

**预防建议：**

（1）不要在雾中晨练，更不要在雾中作剧烈运动。

（2）年老体弱者、心血管及呼吸道疾病患者以及幼儿应减少外出，避免发生意外或病情加重。

（3）外出人员可戴口罩加以防护。

（4）用煤炉取暖的人家，一定要在窗上安装风斗，保持空气流通。

（5）冬季大雾天气，日照条件差，人们会感到非常阴冷，在减少户外活动的同时要注意保暖。

（6）有高血压病的人，要保持身心健康，除了要防止情绪激动、过度劳累和用力过猛外，还要根据天气变化适时增减衣物、改变饮食习惯等，来防止脑溢血的发生。

### 4. 降雪天气

俗话说"瑞雪兆丰年"，下雪可以净化空气，减轻空气污染和各种病菌的数量，同时可以增加空气中的相对湿度，这对冬季干燥的北方地区来说是件好事。但任何事情都有两面性，雪下大了有时也能成为灾害，同时还可发生一些疾病。

**常见疾病：** 摔伤（骨折）、高血压、冻伤、雪盲症等。

**发病人群：** 儿童、年老体弱者。

**预防建议：**

（1）雪天外出穿戴应注意保暖防滑。冬天气温低，人们的骨关节活动性差，感觉四肢僵硬，加上雪天路滑，很容易摔跤，而造成骨折。因此，应选择防滑、保暖性能好的鞋。

（2）患有高血压的病人，在雪天应特别注意，随时注意血压的变化，按时服药，保持心情舒畅。

（3）常年冬天易患发冻疮的人，应加强体育锻炼，对易生冻疮的部位或旧冻疮的疤痕之处进行按摩，同时注意保暖，防止受冻，随时活动手、脚,手搓耳廓等部位。戴手套、穿鞋袜不宜太紧。

(4)雪过天晴,大气的透明度好,加上雪面对阳光的反射,此时如果不加防护,很容易患雪盲症。雪盲症是一种由于眼睛视网膜受到强光刺激引起暂时性失明的一种症状,可通过配戴防紫外线的太阳眼镜,选用聚碳酸酯或 CR39 的透镜或蛙镜式的全罩式灰色眼镜,并补充维生素 A、维生素 B、维生素 C 和维生素 E 等来预防。一旦发生了雪盲症,也不要过分担心,可以用眼罩、干净的纱布覆盖眼睛,不要勉强用眼,并尽快就医。一般雪盲症的症状可在 1~3 天内恢复。

### 5. 空气污染天气

冬季如果天气形势稳定,城市中人们在生产生活中排放出来的废气和汽车尾气容易堆积,形成严重的空气污染。近地层的主要空气污染物有:烟尘、总悬浮颗粒物、可吸入颗粒物(浮尘)、二氧化氮、二氧化硫、一氧化碳、臭氧、挥发性有机化合物等,其中可吸入颗粒物污染最为严重。

可吸入颗粒物的粒子越小,对人体的危害越大。一般粒径超过 10 微米的大颗粒物可被鼻毛吸留,也可通过咳嗽排出人体,而粒径小于 10 微米的可吸入颗粒物可随人们呼吸沉积肺部,甚至可以进入肺泡、血液。在肺部沉积率最高的是粒径为 1 微米左右的颗粒物,沉积于肺泡高达 80%,并且沉积时间也最长,可达数年之久。这部分颗粒物在肺泡上沉积下来,损伤肺泡和黏膜,引起肺组织的慢性纤维化,致使肺泡的换气机能下降,导致肺心病、心血管病,加重哮喘病,引起慢性鼻咽炎、慢性支气管炎、呼吸困难、肺功能损失等一系列病变,严重的可危及生命。

**常见疾病**:急性上呼吸道感染、哮喘、过敏症。

**发病人群**:体质弱者、过敏症患者。

## 第五章 气象与人体健康

预防建议:

(1)尽量减少外出,需外出时,要戴口罩。

(2)外出回来后,要洗手,做好个人卫生。

(3)喜欢晨练的人,此时最好不要在户外锻炼,可在室内做些简单的运动,如健身操、瑜伽等。

(4)过敏症患者外出时一定要戴口罩,避免与过敏原接触。

### 6.寒潮天气

当冷空气的侵入使气温在 24 小时内下降 10 ℃以上,最低气温降至 5 ℃以下,称为寒潮。每次寒潮天气过程前后都会造成气压、温度、湿度等气象要素的剧烈变化,人们一般难以适应这种环境的变化,使得肌体的免疫力下降,而感染各种疾病。

**常见疾病**:上呼吸道感染(感冒)、气管炎、支气管炎、肺炎等呼吸系统疾病,冠心病、脑卒中、高血压等心脑血管疾病,糖尿病、慢性胃炎、胃溃疡等。

**发病人群**:婴幼儿,中老年体弱的人,患有高血压、冠心病、心肌梗死、脑卒中等慢性病的人,以及身体状况欠佳的人。

预防建议:

(1)冬季到来之前,要进行耐寒锻炼,以适应环境的变化。

(2)随时注意天气的变化,及时增减衣服。

(3)冬季晨练要等到太阳出来后,并注意保暖。

(4)注意居室通风,减少和抑制病菌、病毒繁殖。

(5)尽量少去病菌、病毒易传播的高危场所和人口密集的公共场所。养成勤洗手、勤洗澡、勤换衣、勤晒衣服和被褥等良好的个人卫生习惯,饭前便后、外出归来以及打喷嚏、咳嗽和清洁鼻子后,都要立即用流动水和肥皂洗手。

(6)有胃病的人应注意胃部保暖,减少因寒冷给胃部带来的刺激。因为寒冷刺激可造成胃酸分泌过多,引起局部血管痉挛收缩,致使胃溃疡发病或出血。

(7)患有高血压、冠心病、心肌梗死、脑卒中等病的人,当气温骤降时,要注意添衣保暖,特别要注意手、脸,尤其是口与鼻部的保暖,因为这些部位特别敏感;其次注意休息和保持情绪稳定,在精神上和体力上都不要过度疲劳和紧张;保持室内温度不低于15 ℃,因为低于此温度会加重病人循环系统的负担;不宜久坐不动,应在室内适当活动,促进身体的血液循环。当出现:①面部、上肢或腿部无力或麻木,尤其出现在一侧肢体时,②思维混沌、说话困难或理解困难,③单眼或双眼视力出现问题或单眼失明,④行走困难、头晕眼花,失去平衡或协调能力,⑤不明原因的剧烈头痛等症状时,要马上就医。

(8)小儿肺炎的防护应注意两个方面。第一,时时注意天气变化情况,这主要是及时收听天气预报和天气形势的预报,特别注意气温、气压变化,比如冷空气寒潮到来前后的几天内,注意小儿的保暖,出门为之戴口罩;注意观察小儿自身反应情况,稍有征兆提前用抗菌类药物,一般效果较好。第二,让小儿加强锻炼,增强体质,早睡早起,生活要有规律。

### 7. 冬去春来

人在冬春交替之际,易患多种疾病。原因主要是在寒冷、多大风、空气干燥、日照短、气压高的冬季气候的刺激下,人体各部生理机能必定要进行相应的收缩和调整,以达到减少热量消耗,保证肌体战胜寒冷气候所必需的热量和营养的供应。相反,人体在长日照、光强日益增强、气温迅速回升的春季气候的影响下,各部生理机能和代谢速度必然要相应增强,生物韵律节奏比冬季大大加快。这是由于光照和气温是人体生物韵律快慢的主要"调节剂"的缘

# 第五章　气象与人体健康

故。在冬春交替之际,天气乍暖还寒、反复多变。人体的生理机能一会儿为冬季收缩型,一会又为春季亢进型,需反复变化调整。一旦调整不及时或反复调整导致肌体疲劳,使肌体防病、抗病的能力下降,易患发某些因病菌引起的疾病,如流感、肺炎等。此时各种生理组织也极易出现故障和损害,患发关节炎、心脑血管破裂、精神系统部分功能失调等。

**常见疾病**:老年肺炎、关节炎、心脑血管疾病、流行性感冒、脑脊髓膜炎、非典型肺炎、腮腺炎。

**发病人群**:体弱多病者,体质较差的老年人、幼儿。

**预防建议**:

(1)在换季天气变化剧烈时,对老年人生活规律的改变应随时加以注意,及早发现疾病的苗头,当发现老人身体的各种异常信号时,就应及时送医院治疗。

(2)应注意防风保暖,适时增减衣服;注意饮食和环境卫生。

(3)开窗通风,保持室内空气流通;经常去户外活动,呼吸新鲜空气。

(4)尽量避免去人多、环境污染较严重的地方。

(5)对慢性病患者,特别是重症病人,应特别加强医疗、看护和保持室内温度的稳定,平安度过冬春交替这一危险期。

# 第六章　气象指数

随着数字化时代的到来，人们对生活气象指数已经屡见不鲜，比如中暑指数、洗车指数、舒适度指数、紫外线指数等。这些指数是气象部门为居民的生活出行提供参考的数据。气象工作者将原本看不见、摸不着的气象要素（温度、湿度、风向风速、气压等），与人们的实际生活需要相联系，生成简单的数字，即气象指数，来指导居民科学生活。气象指数很多，下面主要介绍气象环境类、医疗健康类、生活服务类、健身休闲类以及特色服务类等气象指数。

## 一、气象环境类

### 1. 空气清洁度气象条件指数

空气清洁度气象条件指数是描述空气质量的指数，指不考虑污染源的情况下，从气象角度出发，对未来大气污染物的稀释、扩散、聚积和清除能力进行评价。主要考虑温度、湿度、风向风速等气象因素，对气象条件进行分级。该指数分为5级（表6-1），级数越高，气象条件越不利于污染物的扩散，相应地空气质量也越差。

表 6-1　空气清洁度气象条件指数分级及相关信息

| 指数级别 | 含义 | 空气质量 | 生活提示 |
|---|---|---|---|
| 1 | 非常有利于空气中污染物的扩散或清除 | 优 | 非常适宜户外活动和居室通风（风雨天除外） |
| 2 | 有利于空气中污染物的扩散或清除 | 良好 | 适宜户外活动和居室通风（风雨天除外） |
| 3 | 不太利于空气中污染物的扩散或清除 | 轻微（度）污染 | 对户外活动和居室通风没有明显影响 |
| 4 | 不利于空气中污染物的扩散或清除 | 中度污染 | 不太适宜户外活动和居室通风（如雾霾、沙尘天等） |
| 5 | 非常不利于空气中污染物的扩散或清除 | 重度污染 | 不适宜户外活动和居室通风（如重度雾霾、沙尘天等） |

## 2. 紫外线气象指数

紫外线气象指数根据紫外线强度由弱到强进行分级。由于过量的紫外线照射可使人体产生红斑、色素沉着、免疫系统受到抑制，患皮肤黑瘤、皮肤癌及白内障等，因此，参照紫外线指数的预报能够帮助人们在日常生活中避免在紫外线辐射最强烈的时段外出或外出时采取相应防护措施，防止强烈的紫外线过度照射，危害人体健康。紫外线气象指数分 5 级（表 6-2），级数越高，紫外线越强烈，越要注意防晒。

表 6-2　紫外线气象指数分级及相关信息

| 指数级别 | 含义 | 生活提示 |
|---|---|---|
| 1 | 最弱 | 紫外线非常弱，户外活动不需要采取防护 |
| 2 | 弱 | 紫外线弱，户外活动可以适当采取一些防护措施，如涂防晒霜等 |

续表

| 指数级别 | 含义 | 生活提示 |
|---|---|---|
| 3 | 中等 | 紫外线强度中等,外出时戴好遮阳帽、太阳镜,打太阳伞等,涂擦 SPF 指数大于 15 的防晒霜 |
| 4 | 强 | 紫外线强,户外活动除上述防护措施外,上午 10 点至下午 4 点避免外出,或尽可能待在阴凉处 |
| 5 | 很强 | 紫外线很强,尽可能不在室外活动,必须外出时,要采取各种有效的防护措施 |

### 3. 风寒气象指数

风寒气象指数是秋冬季节舒适度指数的细化,主要考虑了气温和风速对人体的影响,共分 9 级(表 6-3),级数越高,天气越寒冷。

表 6-3 风寒气象指数分级及相关信息

| 指数级别 | 含义 | 生活提示 |
|---|---|---|
| 0 | 较凉 | 老年、幼儿、体弱者外出需要戴上薄围巾、薄手套 |
| 1 | 偏冷 | 大部分人群外出活动要戴薄手套、薄围巾和帽子 |
| 2 | 较冷 | 外出活动要戴薄手套,薄围巾和帽子 |
| 3 | 冷 | 外出活动要穿薄棉衣,戴上手套、围巾和帽子 |
| 4 | 很冷 | 户外活动适宜安排在上午 10 点到 14 点之间,并要穿上棉衣,戴上手套、围巾和帽子 |
| 5 | 寒冷 | 外出活动最好安排在中午前后,并穿上羽绒服,戴上手套、围巾和帽子,穿上棉靴 |
| 6 | 十分寒冷 | 避免长时间的户外活动,尽量把外出活动安排在中午前后,并采取防冻措施,穿上羽绒服,戴上围巾、手套和帽子 |

续表

| 指数级别 | 含义 | 生活提示 |
| --- | --- | --- |
| 7 | 特别寒冷 | 风大天寒,最好减少不必要的外出,出门要穿上厚羽绒服,戴上厚围脖、手套、帽子、口罩,穿上皮棉靴,并要预防冻伤 |
| 8 | 冰冻严寒 | 室外滴水成冰,不适宜外出,外出的话,需穿上厚羽绒服,戴上厚围脖、手套、帽子、口罩,穿上皮棉靴,以免发生冻伤 |

## 4. 舒适度气象指数

舒适度气象指数是表征人体在大气环境中舒适与否的指数,结合温度、湿度、风向风速等气象要素对人体的综合作用,提示人们可以根据天气的变化,来调节自身生理及适应冷暖环境,以及防范天气冷热突变的指数。舒适度指数分12级(表6-4),6级为舒适,6级以下代表天气越来越冷,6级以上越来越热,离6级越远,舒适感越差。

表6-4 舒适度气象指数分级及相关信息

| 指数级别 | 含义 | 生活提示 |
| --- | --- | --- |
| 0 | 冷 | 外出活动要穿薄棉衣、戴上手套、围巾和帽子 |
| 1 | 较冷 | 外出活动要戴薄手套、薄围巾和帽子 |
| 2 | 偏冷 | 大部分人群外出活动要戴薄手套、薄围巾和帽子 |
| 3 | 较凉 | 老年、幼儿、体弱者外出需要带上薄围巾、薄手套 |
| 4 | 偏凉 | 凉意渐浓,但是大部分人仍可以接受 |
| 5 | 略凉 | 感觉有些凉,但是凉意微薄,不影响户外活动的开展 |
| 6 | 舒适(温暖或凉爽) | 最适宜人们生活,大部分人在自然中活动有爽快感。天气状况良好时,多到户外活动,并可适当增加户外活动时间 |
| 7 | 偏热 | 天气偏热,适当调整穿衣后,仍可达到比较舒适的程度 |

续表

| 指数级别 | 含义 | 生活提示 |
|---|---|---|
| 8 | 较热 | 大部分人感到不舒适,室外活动人们会感到疲倦或闷热。户外活动不适宜在中午前后展开 |
| 9 | 炎热 | 天气炎热,外出注意防晒,走在阴凉处,不宜长时间从事室外活动,中午11点到下午4点之间尽量避免外出 |
| 10 | 闷热 | 极不舒适,室外活动出现中暑的可能性加大,户外作业者应停止户外作业,患有心脑血管疾病的人群尽量待在室内,并加强防护 |
| 11 | 酷热 | 尽量待在室内,并采取空调、电扇等给室内降温,室外活动很容易出现中暑 |

## 二、医疗健康类

### 1. 感冒气象指数

感冒气象指数描述的是气象条件对人们发生感冒的影响程度,以及感冒发生的概率。感冒指数分4级(表6-5),级数越高,气象因素导致感冒发生的概率就越大。

表6-5 感冒气象指数分级及相关信息

| 指数级别 | 含义 | 生活提示 |
|---|---|---|
| 1 | 低发期 | 气温变化平稳,天气冷暖宜人,不易发生感冒 |
| 2 | 易发期 | 天气逐渐转凉(或转热),昼夜温差加大,比较容易发生感冒,老人、儿童和体弱者应注意及时增减衣物 |

第六章　气象指数

续表

| 指数级别 | 含义 | 生活提示 |
|---|---|---|
| 3 | 多发期 | 气温变化较大，容易发生感冒，应注意及时增减衣物。老人、儿童和体弱者应注意避免去人流密集、空气流通差的公共场所 |
| 4 | 高发期 | 气温变化剧烈、天气寒冷，极易发生感冒，外出要注意防寒保暖。建议居室内适当增湿并定时通风换气，保持空气新鲜 |

## 2. 中暑气象指数

中暑气象指数是综合了温度、湿度、光照等气象要素对人体热承受力的影响进行的评述，以帮助人们注意防暑降温，提示人们避免在易中暑的环境下工作。中暑气象指数分 4 级（表 6-6），级数越高，中暑的概率越大。

表 6-6　中暑气象指数分级及相关信息

| 指数级别 | 含义 | 生活提示 |
|---|---|---|
| 1 | 不易中暑 | 可正常户外活动 |
| 2 | 轻度中暑 | 从事重体力劳动、体力特别弱者应注意防暑降温，室内应使用电扇或空调降温，避免阳光下久晒 |
| 3 | 容易中暑 | 所有的人特别是劳动者、老人和幼儿应注意防暑降温，室内最好使用空调降温，减少外出，避免太阳暴晒 |
| 4 | 极易中暑 | 所有的人都应注意防暑降温，充分利用一切防暑降温措施。室内使用空调降温，减少活动，尽量减少外出，上午 10 点至下午 4 点最好不要被太阳晒到 |

069

### 3. 脑血管疾病气象指数

脑血管疾病气象指数描述的是气象条件对人们发生脑血管疾病的影响程度,以及脑血管疾病发生的概率。脑血管疾病气象指数分4级(表6-7),级数越高,气象因素导致脑血管疾病发生的概率就越大。

表6-7　脑血管疾病气象指数分级及相关信息

| 指数级别 | 含义 | 生活提示 |
| --- | --- | --- |
| 1 | 低发期 | 天气条件不易发生脑血管意外。有高血压和脑血管硬化等疾病的患者应注意规律生活、适当锻炼、稳定情绪、规范用药 |
| 2 | 易发期 | 天气条件比较容易发生脑血管意外。有高血压和脑血管硬化等疾病的患者应注意调整用药,避免剧烈活动 |
| 3 | 多发期 | 天气条件容易发生脑血管意外。有高血压和脑血管硬化等疾病的患者应注意及时增减衣物,避免受冷空气刺激,按时服药 |
| 4 | 高发期 | 天气条件极易发生脑血管意外。有高血压和脑血管硬化等疾病的患者应特别注意避免剧烈活动,如有不适及时就医 |

### 4. 腹泻症气象指数

腹泻症气象指数描述的是气象条件对人们发生腹泻疾病的影响程度及其发病概率。腹泻症气象指数分4级(表6-8),级数越高,发生腹泻的概率越大。

表6-8　腹泻症气象指数分级及相关信息

| 指数级别 | 含义 | 生活提示 |
| --- | --- | --- |
| 1 | 低发期 | 天气条件不易导致发生腹泻疾病 |
| 2 | 易发期 | 天气条件较易导致发生腹泻疾病。注意饮食卫生 |

续表

| 指数级别 | 含义 | 生活提示 |
|---|---|---|
| 3 | 多发期 | 天气条件容易导致发生腹泻疾病。少吃生冷食品。高温高湿天气,食物易变质,剩饭剩菜要彻底加热消毒后再吃 |
| 4 | 高发期 | 天气条件极易导致发生腹泻疾病。注意饮食卫生,严防病从口入,饮食宜清淡 |

### 5. 一氧化碳中毒气象指数

一氧化碳中毒气象指数是衡量一氧化碳中毒概率高低的指数。综合考虑取暖季节内,温度、降水、湿度、风速、气压等气象要素对居室内一氧化碳扩散效率的影响,将一氧化碳中毒气象指数分为4级(表6-9),级数越高,居室内一氧化碳越不易扩散,中毒的概率越大,越要注意防范。

表6-9 一氧化碳中毒气象指数分级及相关信息

| 指数级别 | 含义 | 生活提示 |
|---|---|---|
| 1 | 较利于一氧化碳扩散 | 提醒使用煤炭和燃气取暖的人们注意必须正确安装风斗和烟筒防风弯头,保持居室通风,仍需注意预防煤气中毒 |
| 2 | 较不利于一氧化碳扩散 | 提醒使用煤炭和燃气取暖的人们及时清理烟道,保证烟道畅通,注意保持居室通风,预防煤气中毒 |
| 3 | 不利于一氧化碳扩散 | 提醒使用煤炭和燃气取暖的人们注意睡前检查炉火是否封好,盖严炉盖,打开风门,谨防煤气中毒 |
| 4 | 极不利于一氧化碳扩散 | 提醒使用煤炭和燃气取暖的人们仔细检查炉具或管道煤气开关是否漏气,使用燃气、热水器洗澡或在室内用炭火锅用餐要开窗通风,特别注意防止煤气中毒 |

## 三、生活服务类

### 1. 洗车气象指数

洗车气象指数是考虑未来4天是否有降水、大风、沙尘天气影响车辆保持清洁,给广大爱车族提供是否适宜洗车的建议。洗车气象指数分5级(表6-10),级数越高,越不适宜洗车。

表6-10 洗车气象指数分级及相关信息

| 指数级别 | 含义 | 生活提示 |
| --- | --- | --- |
| 1 | 非常适宜 | 洗车后至少未来4天内没有降水、大风、沙尘天气,保洁时间长,非常适宜洗车 |
| 2 | 适宜 | 洗车后未来3天内没有降水、大风或沙尘天气,适宜洗车 |
| 3 | 比较适宜 | 洗车后未来2天内没有降水、大风或沙尘天气,比较适宜洗车 |
| 4 | 不太适宜 | 洗车后未来1~2天内有降水、大风或沙尘天气,或洗车当日气温太低容易结冰,不太适宜洗车 |
| 5 | 不适宜 | 洗车后当日有降水、大风或沙尘天气,或当日特别寒冷,容易结冰,不适宜洗车 |

### 2. 穿衣气象指数

穿衣气象指数是根据自然环境对人体感觉温度影响最主要的天空状况、温度、湿度及风向风速等气象条件,对人们适宜穿着的服装进行分级,以提醒人们根据天气变化适当着装。穿衣气象指数共分8级(表6-11),级数越高,越要注意保暖。

## 第六章 气象指数

表 6-11 穿衣气象指数分级及相关信息

| 指数级别 | 含义 | 生活提示 |
|---|---|---|
| 1 | 薄短袖类 | 吊带、背心、短裙、短裤、丝质 T 恤等 |
| 2 | 短袖类 | 短袖衫、长裙、中裤、棉质 T 恤衫等 |
| 3 | 单衣类 | 衬衫、短外套、长裤、针织长袖衫、长袖 T 恤、衬衫等 |
| 4 | 夹衣类 | 夹克衫、长裤、牛仔系列、马甲、帽衫、西服套装、风衣等 |
| 5 | 毛衣类 | 中长外套、毛衣、毛料套装、羊绒衫、羊毛衫、薄棉外套、毛背心等 |
| 6 | 薄冬衣类 | 棉衣、毛呢短外套、绒衣、大衣等 |
| 7 | 棉衣类 | 加厚棉服、毛呢中长外套、皮夹克、呢帽、手套、围巾等 |
| 8 | 羽绒服类 | 羽绒服、风雪衣、裘皮大衣、手套、呢帽、厚围巾、太空棉衣等 |

### 3. 空调开启气象指数

空调开启气象指数是根据人体的生理与健康要求,综合考虑了温度和湿度情况,计算出指导人们适当使用空调的指数(表 6-12)。

表 6-12 空调开启气象指数分级及相关信息

| 指数级别 | 含义 | 生活提示 |
|---|---|---|
| 1 | 强风速制冷 | 室内温度高,打开空调时,适宜高风速制冷 |
| 2 | 中等风速制冷 | 室内温度较高,打开空调时,适宜中等风速制冷 |
| 3 | 微风制冷 | 室内温度略高,打开空调时,适宜中低风速制冷 |
| 4 | 不开空调 | 室内温湿适中,可以不开空调 |

### 4. 居室通风气象指数

居室通风气象指数是综合考虑了天气条件和空气污染状况,制定的指导人们进行居室通风的气象指数(表 6-13)。

表 6-13　居室通风气象指数分级及相关信息

| 指数级别 | 含义 | 生活提示 |
|---|---|---|
| 1 | 非常适宜通风 | 可打开多个窗户通风 |
| 2 | 适宜通风 | 打开窗户通风 |
| 3 | 比较适宜通风 | 可以半开窗户通风 |
| 4 | 不太适宜通风 | 可以开窗缝通风 |
| 5 | 不适宜通风 | 不宜开窗户通风 |

## 四、健身休闲类

健身休闲类气象指数是根据气象因素对晨练、登山、赏红叶以及春游踏青等类户外活动者身体健康的影响,制定出的气象指数,以指导人们有选择地进行休闲健身活动,保证身体不受外界不良气象条件的影响。在红叶观赏指数里还要考虑红叶率等相关条件。

### 1. 晨练气象指数

晨练气象指数是气象部门根据气象因素对晨练人身体健康的影响,综合了温度、风速、天气现象、前一天的降水情况等气象条件,并将一年分为两个时段(冬半年和夏半年),制定了晨练环境气象要素标准,衡量晨练适宜程度的指数。晨练的人特别是中老年人,应根据晨练指数,有选择地进行晨练,这样才能保证身体不受外界不良气象条件的影响,真正达到锻炼身体的目的。晨练气象指数分 4 级(表 6-14),级数越低,越适宜晨练。

## 第六章　气象指数

表 6-14　晨练气象指数分级及相关信息

| 指数级别 | 含义 | 生活提示 |
| --- | --- | --- |
| 1 | 非常适宜晨练 | 天空状况、风速、温度、湿度以及空气质量等各种气象条件都非常好 |
| 2 | 适宜晨练 | 天空状况、风速、温度、湿度以及空气质量等各种气象条件良好 |
| 3 | 比较适宜晨练 | 天空状况、风速、温度、湿度以及空气质量等各种气象条件都还可以 |
| 4 | 不太适宜晨练 | 轻度雾霾，或有 3、4 级风，或空气不太好，或空气污染达 4 级等，不太适宜户外晨练 |
| 5 | 不适宜晨练 | 有风沙、雨雪、雾霾等天气，或非常寒冷，或重度污染等，不适宜户外晨练 |

### 2. 登山气象指数

登山气象指数是根据不同的天气条件，如降水、风向风速、湿度、温度等对登山产生的影响，衡量是否适宜登山的指数。登山气象指数共分 5 级（表 6-15），级数越高，越不利于登山。

表 6-15　登山气象指数分级及相关信息

| 指数级别 | 含义 | 生活提示 |
| --- | --- | --- |
| 1 | 非常适宜登山 | 天气条件、空气质量以及能见度条件都非常好 |
| 2 | 适宜登山 | 天气条件、空气质量以及能见度条件良好 |
| 3 | 比较适宜登山 | 天气条件、空气质量以及能见度条件较好 |
| 4 | 不太适宜登山 | 天气不太好（有雾霾、风较大等），或空气质量差，或能见度低等 |
| 5 | 不适宜登山 | 有风沙、雨雪、大雾、重霾等天气，或非常寒冷，或重度污染等，不适宜登山 |

## 3. 春游踏青气象指数

春游踏青气象指数是气象部门根据不同的天气条件,如降水、风向风速、湿度、温度等对春游踏青的影响,衡量是否适合春游踏青的季节性指数,只在春天发布。级数越高,越不适宜踏青春游(表6-16)。

表 6-16　春游踏青气象指数分级及相关信息

| 指数级别 | 含义 | 生活提示 |
|---|---|---|
| 1 | 非常适宜 | 风和日丽,非常适宜春游踏青 |
| 2 | 适宜 | 云淡风轻,适宜春游踏青 |
| 3 | 比较适宜 | 比较适宜春游踏青,风稍大,注意防火 |
| 4 | 不适宜 | 风大,天气不好,不适宜春游踏青 |

## 4. 红叶观赏气象指数

红叶观赏气象指数是气象部门考虑不同天气、时间、植物种类等要素的变化情况,衡量具体地区红叶观赏适宜度的季节性指数,只在每年红叶观赏期发布(表6-17)。

表 6-17　红叶观赏气象指数分级及相关信息

| 指数级别 | 含义 | 生活提示 |
|---|---|---|
| 1 | 非常适宜 | 秋高气爽,凉爽舒适,非常适宜登山观赏红叶 |
| 2 | 适宜 | 多云,微风,适宜登山观赏红叶 |
| 3 | 比较适宜 | 天气晴到多云,风稍大(或阴天微风),比较适宜登山观赏红叶 |
| 4 | 不适宜 | 天气不好(风、雨、雪、雾天),不适宜登山赏红叶 |

## 五、特色服务类

### 1. 供暖气象指数

供暖气象指数是根据温度、日照、风向风速和湿度等气象因素，综合计算出需要供暖的量级，指导科学供暖的指数。供暖气象指数分 5 级（表 6-18），级数越高，所需供暖量越大。

表 6-18　供暖气象指数分级及相关信息

| 指数级别 | 含义 | 生活提示 |
| --- | --- | --- |
| 1 | 少量供暖 | 天气不太冷，室内的温度略低，应少量供暖 |
| 2 | 适量供暖 | 天气比较冷，室内的温度较低，应适量供暖 |
| 3 | 加大供暖量 | 天气很冷，室内的降温幅度较大，应加大供暖量，以确保室内温度达标 |
| 4 | 加量供暖 | 天气寒冷，室内散热迅速，应加量供暖，才能保持室内比较舒适 |
| 5 | 全力供暖 | 天气非常寒冷，室内散热快，应全力供暖，以保证室内温度达标 |

### 2. 霉变气象指数

霉变气象指数分 4 级（表 6-19），级数越高，天气条件越容易导致霉变，并且霉变的程度越重。

表 6-19　霉变气象指数分级及相关信息

| 指数级别 | 含义 | 生活提示 |
| --- | --- | --- |
| 1 | 不易发生霉变 | 空气干燥，不宜发生霉变 |
| 2 | 易发生轻度霉变 | 轻度霉变，怕潮的物品宜放置在通风处 |
| 3 | 易发生中度霉变 | 易发生中度霉变，怕潮的物品存放最好选择低温环境 |
| 4 | 重度霉变 | 高温高湿，易发生重度霉变，怕潮的物品存放最好选择密封环境或冰箱 |

### 3. 太阳能气象指数

太阳能气象指数是描述太阳能源是否充足的气象指数,综合考虑了未来天气的要素(云量、降水、湿度等),计算出该气象条件下的太阳能量。级数越高,太阳能源越弱(表6-20)。

表6-20 太阳能气象指数分级及相关信息

| 指数级别 | 含义 | 生活提示 |
| --- | --- | --- |
| 1 | 太阳能源非常充足 | 非常利于加热太阳能热水器中的水和各种太阳能设备的蓄能 |
| 2 | 太阳能源很充足 | 有利于加热太阳能热水器中的水和各种太阳能设备的蓄能 |
| 3 | 太阳能源充足 | 比较利于日光温室、蔬菜暖棚的光合作用,太阳能热水器等设备应用效果较好 |
| 4 | 太阳能源较充足 | 可以正常使用太阳能热水器和各种太阳能设备 |
| 5 | 太阳能源较弱 | 太阳能热水器等各种太阳能设备应用效果欠佳 |
| 6 | 太阳能源弱 | 太阳能热水器等各种太阳能设备应用效果较低 |
| 7 | 太阳能源很弱 | 太阳能热水器等各种太阳能设备应用效果很低 |

### 4. 花粉浓度指数

花粉浓度指数是衡量花粉浓度及花粉过敏患者防护级别的指数。大气中花粉浓度是造成一系列过敏反应的主要原因。花粉过敏症严重时可诱发气管炎、哮喘、肺心病,甚至危及生命。引起过敏的花粉主要是在空气中传播的风媒花粉。空气中飘浮的花粉分布情况与气象条件,如刮风、下雨和晴天有密切的关系,通过两者之间的关系,以及前期花粉浓度情况,可以预测未来花粉浓度指数。花粉浓度指数分6级(表6-21),级数越高,浓度越大,花粉过敏患者越要注意防护。

表 6-21  划分浓度指数分级及相关信息

| 指数级别 | 含义 | 生活提示 |
|---|---|---|
| 1 | 很低 | 花粉浓度很低,对花粉过敏症患者影响不大,可放心出行 |
| 2 | 较低 | 花粉浓度较低,花粉过敏的重症患者,外出应注意防护 |
| 3 | 偏高 | 花粉浓度偏高,对花粉过敏的患者,外出应注意适当防护 |
| 4 | 较高 | 花粉浓度较高,对花粉过敏的患者,特别是重症患者,外出需要注意防护 |
| 5 | 很高 | 花粉浓度很高,花粉过敏患者不要到花草繁茂的公园和野外活动,外出应采取防护措施 |
| 6 | 极高 | 花粉浓度极高,所有花粉过敏患者要尽量远离过敏源,外出必须采取有效的防护措施 |

# 附录1：风力、降雨量、降雪量等级表

**表1 风力等级表**

| 风级 | 名称 | 相当于空旷平地上标准高度10米处的风速（米/秒） | 陆地物象 | 海面波浪 | 一般浪高（米） |
|---|---|---|---|---|---|
| 0 | 静风 | 0～0.2 | 静，烟直上 | 平静 | — |
| 1 | 软风 | 0.3～1.5 | 烟示风向 | 微波峰无飞沫 | 0.1 |
| 2 | 轻风 | 1.6～3.3 | 感觉有风 | 小波峰未破碎 | 0.2 |
| 3 | 微风 | 3.4～5.4 | 旌旗展开 | 小波峰顶破裂 | 0.6 |
| 4 | 和风 | 5.5～7.9 | 吹起尘土 | 小浪白沫波峰 | 1.0 |
| 5 | 清劲风 | 8.0～10.7 | 小树摇摆 | 中浪白沫峰群 | 2.0 |
| 6 | 强风 | 10.8～13.8 | 电线有声 | 大浪白沫离峰 | 3.0 |
| 7 | 疾风 | 13.9～17.1 | 步行困难 | 破峰白沫成条 | 4.0 |
| 8 | 大风 | 17.2～20.7 | 折毁树枝 | 浪长高有浪花 | 5.5 |
| 9 | 烈风 | 20.8～24.4 | 小损房屋 | 浪峰倒卷 | 7.0 |
| 10 | 狂风 | 24.5～28.4 | 吹倒树木 | 海浪翻滚咆哮 | 9.0 |
| 11 | 暴风 | 28.5～32.6 | 损毁重大 | 波峰全呈飞沫 | 11.5 |
| 12 | 飓风 | 32.7～36.9 | 摧毁力极大 | 海浪滔天 | 14.0 |
| 13 | — | 37.0～41.4 | — | — | |
| 14 | — | 41.5～46.1 | | | |
| 15 | — | 46.2～50.9 | | | |
| 16 | — | 51.0～56.0 | | | |
| 17 | — | 56.1～61.2 | | | |

## 附录1：风力、降雨量、降雪量等级表

### 表2 不同时段降雨量等级划分表 （单位：毫米）

| 降水等级用语 | 24小时降水总量 | 12小时降水总量 |
| --- | --- | --- |
| 微量降雨(零星小雨) | <0.1 | <0.1 |
| 小雨 | 0.1～9.9 | 0.1～4.9 |
| 中雨 | 10.0～24.9 | 5.0～14.9 |
| 大雨 | 25.0～49.9 | 15.0～29.9 |
| 暴雨 | 50.0～99.9 | 30.0～69.9 |
| 大暴雨 | 100.0～249.9 | 70.0～139.9 |
| 特大暴雨 | ≥250.0 | ≥140.0 |

### 表3 不同时段降雪量等级划分表 （单位：毫米）

| 降水等级用语 | 24小时降水总量 | 12小时降水总量 |
| --- | --- | --- |
| 微量降雪(零星小雪) | <0.1 | <0.1 |
| 小雪 | 0.1～2.4 | 0.1～0.9 |
| 中雪 | 2.5～4.9 | 1.0～2.9 |
| 大雪 | 5.0～9.9 | 3.0～5.9 |
| 暴雪 | 10.0～19.9 | 6.0～9.9 |
| 大暴雪 | 20.0～29.9 | 10.0～14.9 |
| 特大暴雪 | ≥30.0 | ≥15.0 |

海淀区气象信息员手册

# 附录 2:北京市气象灾害预警信号与防御指南

## 一、暴雨预警信号

暴雨预警信号分四级,分别以蓝色、黄色、橙色、红色表示。

### (一)暴雨蓝色预警信号

**标准**:预计未来可能出现下列条件之一或实况已达到下列条件之一并可能持续:

(1)1 小时降雨量达 20 毫米以上;

(2)3 小时降雨量达 30 毫米以上;

(3)12 小时降雨量达 50 毫米以上。

**预报用语**:预计××(时间),××(地区)将出现(短时)大雨到暴雨。

**防御指南**:

1.地方各级人民政府、有关部门和单位按照职责做好防暴雨准备工作,检查城市、农田以及其他重要设施的排水系统,做好排涝准备。

## 附录2：北京市气象灾害预警信号与防御指南

2.小学和幼儿园学生上学、放学应由成人带领,采取适当措施,保证学生和幼儿的安全。

3.驾驶人员应当注意道路积水和交通阻塞,确保行车安全。

4.行人尽量不要在高楼或大型广告牌下躲雨、停留,以免被坠落物砸伤。

5.应检查家中电路、燃气等设施是否安全。

### (二)暴雨黄色预警信号

**标准:** 预计未来可能出现下列条件之一或实况已达到下列条件之一并可能持续:

(1)1小时降雨量达30毫米以上;

(2)6小时降雨量达50毫米以上。

**预报用语:** 预计××(时间),××(地区)将出现(短时)暴雨。

**防御指南:**

1.地方各级人民政府、有关部门和单位按照职责做好防暴雨工作,检查城市、农田以及其他重要设施的排水系统,及时清理排水管道,做好排涝工作。

2.交通管理部门应根据路况,增加交通信息提示的次数,在强降雨路段采取交通管制措施,在积水路段实行交通引导。

3.中小学、幼儿园可提前或推迟上学、放学时间,采取防护措施,确保学生、幼儿上学、放学及在校安全。

4.驾驶人员应当及时了解交通信息和前方路况,遇到路面或立交桥下积水过深,应尽量绕行,避免强行通过。

5.行人应避开桥下(尤其是下凹式立交桥下)、涵洞等低洼地区,不要在高楼、广告牌下躲雨或停留;在积水中行走时,要注意观察路面情况。

6.检查电路、燃气等设施是否安全,切断低洼地带有危险的室外电源,暂停在空旷地方的户外作业,危险地带人员和危房居民应转移到安全场所避雨。

### (三)暴雨橙色预警信号

**标准**:预计未来可能出现下列条件之一或实况已达到下列条件之一并可能持续:

(1)1小时降雨量达40毫米以上;

(2)3小时降雨量达50毫米以上。

**预报用语**:预计××(时间),××(地区)将出现(短时)大暴雨。

**防御指南**:

1.地方各级人民政府、有关部门和单位按照职责启动防暴雨应急工作,做好城区与郊县的河道、道路、排水管道的清淤、疏通,注意防范山区可能发生的山洪、滑坡、泥石流等灾害。

2.交通管理部门应当根据暴雨灾害和道路情况,分片分段强化交通管控,设立交通警示标志,疏导交通堵塞。

3.受暴雨洪涝威胁的危险地带应停课、停业、停止集会,采取专门措施保护幼儿、在校学生和上班人员的安全。

4.驾驶人员应暂停行驶,将车停靠在地势较高处或安全位置,车内人员到高处躲避。

5.个人应避免外出,如需出行尽量搭乘公共交通工具;山区人

附录2：北京市气象灾害预警信号与防御指南

员要防范山洪，避免渡河，不要沿河床或山谷行走，注意防范山体滑坡、滚石、泥石流；如发现高压线塔倾倒、电线低垂或断折要远离，切勿触摸或接近。

6.低洼地区房屋门口可放置挡水板、沙袋或设置土坎，地下设施（如地铁）的地面入口要堆好沙袋，严防雨水倒灌；有雨水漫入室内时，应立即切断电源；危旧房及山洪地质灾害易发区内人员应及时转移到安全地点。

### （四）暴雨红色预警信号

**标准：** 预计未来可能出现下列条件之一或实况已达到下列条件之一并可能持续：

（1）1小时降雨量达60毫米以上；
（2）3小时降雨量达100毫米以上。

**预报用语：** 预计××（时间），××（地区）将出现（短时）特大暴雨。

**防御指南：**

1.地方各级人民政府、有关部门和单位按照职责及时做好城区、郊县及山区暴雨及其次生灾害的应急防御和抢险工作，面向社会滚动发布灾情、灾害风险和旅游风险信息。

2.交通管理部门应实施高级别交通管制，确保深积水路面、塌陷地面、洪水冲毁区、高压线塔倒塌处、电杆倒折处、高压线垂地处等危险区域有明确标志和专人值守，严禁车辆及行人靠近。

3.停止集会，停课、停业（除特殊行业外）。

4.驾驶人员应听从交警指挥，切勿涉入积水不明路段；汽车如陷入深积水区,应迅速下车转移。

5.个人尽量不要外出;如在野外,可选地势较高的民居暂避,尽量不要在山梁或山顶上行走,以防雷击;也不要沿山谷低洼处行走,以防山洪、滑坡、泥石流。

6.居住在病险水库下游、山体易滑坡地带、泥石流多发区、低洼地区、有结构安全隐患房屋等危险区域人群应迅速转移到安全区域。

## 二、暴雪预警信号

暴雪预警信号分四级,分别以蓝色、黄色、橙色、红色表示。

### (一)暴雪蓝色预警信号

**标准**:12小时降雪量将达4毫米以上,或者已达4毫米且降雪可能持续,对交通及农业可能有影响。

**预报用语**:预计××(时间),××(地区)将出现大雪到暴雪。

**防御指南**:

1.地方各级人民政府、有关部门和单位按照职责做好防雪灾和防冻害的准备工作。交通、电力、通信、市政等部门应当进行道路、线路巡查维护,做好道路清扫和积雪融化工作。

2.农、林、养殖业应做好作物、树木防冻害与牲畜防寒准备;对危房、大棚和临时搭建物采取加固措施,及时清除积雪。

3.有关部门视情况调节居民供暖,燃煤取暖用户注意防范一氧化碳中毒。

4.尽量减少驾车出行;外出应注意路况,听从指挥,慢速驾驶。

5.人员外出应少骑自行车,采取保暖防滑措施;老、弱、病、幼尽量减少出行,外出应有人陪护。

## (二)暴雪黄色预警信号

**标准**:12小时降雪量将达6毫米以上,或者已达6毫米且降雪可能持续。

**预报用语**:预计××(时间),××(地区)将出现暴雪。

**防御指南**:

1.地方各级人民政府、有关部门和单位按照职责落实防雪灾和防冻害措施,交通、电力、通信、市政等部门及时进行道路、铁路、线路巡查维护,及时清扫道路和融化积雪。

2.农、林、养殖业应做好作物、树木防冻害与牲畜防寒、防雪灾工作;对危房、大棚和临时搭建物及大树、古树采取加固措施,及时清除棚顶及树上积雪。

3.有关部门视情况调节居民供暖,燃煤取暖用户注意防范一氧化碳中毒。

4.减少驾车出行,外出时可给轮胎适当放气,注意路况、保持车距、减速慢行。

5.人员外出要少骑或不骑自行车,出行不穿硬底、光滑底的鞋;老、弱、病、幼减少出行,外出时必须有人陪护。

6.尽量不要待在危房中,避免屋塌伤人。

### （三）暴雪橙色预警信号

**标准**：6小时降雪量将达10毫米以上，或者已达10毫米且降雪可能持续。

**预报用语**：预计××（时间），××（地区）将出现大暴雪。

**防御指南**：

1. 地方各级人民政府、有关部门和单位按照职责做好防雪灾和防冻害的应急工作，交通、电力、通信、市政等部门随时进行道路、铁路、线路巡查维护，随时清扫道路和融化积雪，做好生活必需品调度供应工作。

2. 农、林、养殖业做好冻害与雪灾的防御、减缓与救援；及时加固各类易被大雪压垮的大棚、树木、设施与建筑物等，及时清除棚顶及树上积雪。

3. 有关部门视情况调节居民供暖，燃煤取暖用户注意防范一氧化碳中毒。

4. 必要时中小学、幼儿园可错峰上学、放学，企事业单位错峰上、下班。

5. 不建议驾车出行，必须外出时可给轮胎适当放气，注意防滑，遇坡道或转弯时提前减速，缓慢通过，慎用刹车装置。

6. 人员外出最好选择步行或乘公共交通工具；行走时应避开广告牌、临时搭建物和大树；老、弱、病、幼人群不宜外出；野外出行应戴黑色太阳镜。

7. 尽量不要待在危房以及结构不安全的房子中，避免屋塌伤人；雪后化冻时，房檐如果结有长而大的冰凌应及早打掉，以免坠

## 附录2：北京市气象灾害预警信号与防御指南

落砸人。

### （四）暴雪红色预警信号

**标准**：6小时降雪量将达15毫米以上，或者已达15毫米且降雪可能持续。

**预报用语**：预计××（时间），××（地区）将出现特大暴雪。

**防御指南**：

1. 地方各级人民政府、有关部门和单位按照职责做好防雪灾和防冻害的应急和抢险工作，职能部门及公共服务、事业单位全面启动减灾、抗灾、救灾工作预案。

2. 有关部门视情况调节居民供暖，燃煤取暖用户注意防范一氧化碳中毒。

3. 必要时停课、停业（除特殊行业外）、停止集会，飞机暂停起降，火车暂停营运，高速公路暂时封闭。

4. 尽量不要驾车出行，必须出行时应减速慢行，避免急刹车；雪地行车时，可给轮胎适当放气或安装防滑链。

5. 人员尽量不外出，必须外出时尽量步行或乘公共交通工具；老、弱、病、幼人群尽量不要外出；野外出行应戴防护眼镜；被风雪围困时应及时拨打求救电话。

6. 危旧房屋内的人员要迅速撤出；行人尽量远离大树、广告牌和临时搭建物，避免砸伤；路过桥下、屋檐等处时，要小心观察或绕道通过，以免因冰凌融化脱落伤人。

## 三、寒潮预警信号

寒潮预警信号分四级,分别以蓝色、黄色、橙色、红色表示。

### (一)寒潮蓝色预警信号

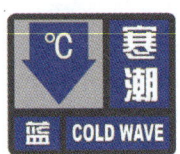

**标准**:48小时最低气温将要下降8℃以上,最低气温小于等于4℃,陆地平均风力可达5级以上;或者已经下降8℃以上,最低气温小于等于4℃,平均风力达5级以上,并可能持续。

**预报用语**:预计××(时间),××(地区)将出现寒潮天气,最低气温下降8℃以上,平均风力可达5级以上。

**防御指南**:

1. 地方各级人民政府、有关部门和单位按照职责做好防寒潮准备工作。

2. 农、林、养殖业做好作物、树木与牲畜防冻害准备;设施农业生产企业和农户注意温室内温度调控并及时加固,防止蔬菜和花卉等经济作物遭受冻害。

3. 有关部门视情况调节居民供暖,燃煤取暖用户注意防范一氧化碳中毒。

4. 注意防风,关好门窗,加固室外搭建物。

5. 老弱病人,特别是心血管病人、哮喘病人等对气温变化敏感的人群应减少外出。

6. 个人应注意添衣保暖,做好对大风降温天气的防御准备;出

## 附录2：北京市气象灾害预警信号与防御指南

行时，注意戴上帽子、围巾和手套。

### (二)寒潮黄色预警信号

**标准**：24小时最低气温将要下降10℃以上，最低气温小于等于4℃，陆地平均风力可达6级以上；或者已经下降10℃以上，最低气温小于等于4℃，平均风力达6级以上，并可能持续。

**预报用语**：预计××(时间)，××(地区)将出现强寒潮天气，最低气温下降10℃以上，平均风力可达6级以上。

**防御指南**：

1. 地方各级人民政府、有关部门和单位按照职责做好防寒潮工作，增强防火安全意识。

2. 农、林、养殖业做好作物、树木与牲畜防冻害工作；设施农业生产企业和农户加强温室内温度调控并及时加固，防止作物遭受冻害。

3. 有关部门视情况调节居民供暖，燃煤取暖用户注意防范一氧化碳中毒。

4. 大风天气应及时加固围板、棚架、广告牌等易被大风吹动的搭建物，妥善安置易受大风影响的室外物品；停止高空作业及室外高空游乐项目。

5. 老、弱、病、幼，特别是心血管病人、哮喘病人等对气温变化敏感的人群尽量不要外出。

6. 个人外出注意防寒，尽量远离施工工地，不应在高大建筑物、广告牌或大树的下方停留。

### (三)寒潮橙色预警信号

**标准:** 24小时最低气温将要下降12℃以上,最低气温小于等于0℃,陆地平均风力可达6级以上;或者已经下降12℃以上,最低气温小于等于0℃,平均风力达6级以上,并可能持续。

**预报用语:** 预计××(时间),××(地区)将出现特强寒潮天气,最低气温下降12℃以上,平均风力可达6级以上。

**防御指南:**

1.地方各级人民政府、有关部门和单位按照职责做好防寒潮的应急工作,排查火灾隐患,防止发生火灾事故。

2.农、林、养殖业注意防范有可能发生的冰冻现象,强化对大棚、温室、畜舍的防风保温管理,对作物、树木、牲畜等采取有效的防冻措施。

3.有关部门视情况调节居民供暖,燃煤取暖用户注意防范一氧化碳中毒。

4.大风天气应及时加固围板、棚架、广告牌等易被大风吹动的搭建物,停止高空作业及室外高空娱乐项目。

5.老弱病人,特别是心血管病人、哮喘病人等对气温变化敏感的人群避免外出。

6.个人减少出行,外出时应采取防寒、防风措施,远离施工工地;驾驶人员应注意路况,慢速行驶,不在高大建筑物、广告牌或大树的下方停留或停车。

## 附录2：北京市气象灾害预警信号与防御指南

### （四）寒潮红色预警信号

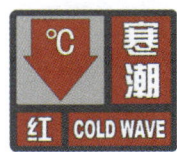

**标准**：24小时最低气温将要下降16℃以上，最低气温小于等于0℃，陆地平均风力可达6级以上；或者已经下降16℃以上，最低气温小于等于0℃，平均风力达6级以上，并可能持续。

**预报用语**：预计××（时间），××（地区）将出现极强寒潮天气，最低气温下降16℃以上，平均风力可达6级以上。

**防御指南**：

1. 地方各级人民政府、有关部门和单位按照职责做好防寒潮的应急和抢险工作，加强交通安全、防风、防火工作，避免火借风势，造成重大损失与伤亡。

2. 农、林、养殖业积极采取防霜冻、冰冻等防寒措施，全面强化对作物、树木、牲畜以及大棚、温室、畜舍的防冻害管理。

3. 有关部门视情况调节居民供暖，燃煤取暖用户注意防范一氧化碳中毒。

4. 大风天气应及时加固围板、棚架、广告牌等易被大风吹动的搭建物，停止高空作业及室外高空娱乐项目。

5. 幼儿园、中小学应采取防风、防寒措施；老、弱、病、幼人群切勿在大风天外出，特别注意对心血管病人、哮喘病人的护理。

6. 个人应采取防寒、防风措施，严防感冒和冻伤；外出时远离施工工地；驾驶人员应注意路况，慢速行驶，不在高大建筑物、广告牌或大树的下方停留或停车。

## 四、大风预警信号

大风预警信号分四级，分别以蓝色、黄色、橙色、红色表示。

### （一）大风蓝色预警信号

**标准：**24小时可能受大风影响，平均风力可达6级以上，或者阵风7级以上；或者已经受大风影响，平均风力为6～7级，或者阵风7～8级并可能持续。

**预报用语：**预计××（时间），××（地区）将出现6级以上大风，阵风7级以上。

**防御指南：**

1. 地方各级人民政府、有关部门和单位按照职责做好防大风准备工作，密切关注森林、草场和城区防火，机场、铁路和交通管理部门应采取措施保障交通安全。

2. 停止高空和动火作业，停止水上、户外作业和游乐活动。

3. 加固围板、棚架、广告牌等易被大风吹动的搭建物，妥善安置易受大风损坏的室外物品；检查大棚薄膜，修补漏洞，暂停农田灌溉。

4. 个人尽量少骑自行车；在施工工地附近行走时，应尽量远离工地并快速通过；行人与车辆驾驶人员尽量不在高大建筑物、广告牌、临时搭建物或大树的下方停留或停车。

5. 街道、社区、村庄和家庭应加强防火意识，适时采取有效措施，消除火灾隐患。

附录2：北京市气象灾害预警信号与防御指南

## (二)大风黄色预警信号

**标准**：12小时可能受大风影响,平均风力可达8级以上,或者阵风9级以上;或者已经受大风影响,平均风力为8~9级,或者阵风9~10级并可能持续。

**预报用语**：预计××(时间),××(地区)将出现8级以上大风,阵风9级以上。

**防御指南**：

1. 地方各级人民政府、有关部门和单位按照职责做好防大风工作,做好森林、草场和城区防火,机场、铁路和交通管理部门应采取适度交通管制,保障交通安全。

2. 停止高空和动火作业,停止水上、户外作业和游乐活动;停止露天集会,并疏散人员。

3. 切断户外危险电源,加固围板、棚架、广告牌等易被大风吹动的搭建物,妥善安置易受大风影响的室外物品。

4. 驾车尽量减速慢行,尽量不要在高楼、大树等下方停车。

5. 外出时尽量避免骑自行车,避免在高大建筑物、广告牌、临时搭建物或大树的下方停留。

## (三)大风橙色预警信号

**标准**：6小时可能受大风影响，平均风力可达10级以上，或者阵风11级以上；或者已经受大风影响，平均风力为10～11级，或者阵风11～12级并可能持续。

**预报用语**：预计××（时间），××（地区）将出现10级以上大风，阵风11级以上。

**防御指南**：

1. 地方各级人民政府、有关部门和单位按照职责启动防大风应急工作，做好森林、草场和城区等的防火工作，机场、铁路和交通管理部门应采取交通管制措施，保障交通安全。

2. 停止高空和动火作业，停止水上、户外作业和一切露天集体活动，房屋抗风能力较弱的中小学校和单位应当停课、停业。

3. 切断户外危险电源，加固围板、棚架、广告牌等易被大风吹动的搭建物，妥善安置易受大风影响的室外物品，疏散、转移危险地带和危房中的居民。

4. 驾车尽量减速慢行，转弯时要小心控制车速，防止侧翻，不要停在高楼、大树等下方。

5. 人员减少外出，老人和小孩尽量不要外出；外出人员尽量不要在高大建筑物、广告牌、临时搭建物或大树的下方停留。

## （四）大风红色预警信号

**标准**：6小时可能受大风影响，平均风力可达12级以上，或者阵风13级以上；或者已经受大风影响，平均风力为12级以上，或者阵风13级以上并可能持续。

## 附录2：北京市气象灾害预警信号与防御指南

**预报用语**：预计××（时间），××（地区）将出现12级以上大风，阵风13级以上。

**防御指南**：

1.地方各级人民政府、有关部门和单位按照职责做好防大风应急和抢险工作，做好全市防火工作，机场、铁路和交通管理部门应立即实施交通管制。

2.停止一切露天活动，中小学校和有关单位针对强风时段适时停课、停业，躲避风灾。

3.切断户外危险电源，立即疏散、转移危险地带和危房中的居民。

4.驾驶人员立刻将车辆停靠在安全地带，并到安全场所避风。

5.室内人员应关好门窗，并在窗玻璃上贴上"米"字形胶条，防止玻璃破碎，并远离窗口，以免强风席卷沙石击破玻璃伤人；户外人员及时到安全场所躲避。

### 五、沙尘（暴）预警信号

沙尘（暴）预警信号分四级，分别以蓝色、黄色、橙色、红色表示。

### （一）沙尘蓝色预警信号

**标准**：12小时可能出现扬沙或浮尘天气，或者已经出现扬沙或浮尘天气并可能持续。

**预报用语**：预计××（时间），××（地区）将出现扬沙或浮尘天气。

**防御指南**：

1.地方各级人民政府、有关部门和单位按照职责做好防沙尘工作。

2.暂停露天集会和室外体育活动。

3.关好门窗，加固围板、棚架、广告牌等易被风吹动的搭建物，妥善安置易受大风影响的室外物品，遮盖建筑物资。

4.尽量减少外出，老人、儿童及患有呼吸道过敏性疾病的人群不要到室外活动；人员外出时可佩戴口罩、纱巾等防尘用品，外出归来应清洗面部和鼻腔。

## (二)沙尘暴黄色预警信号

**标准**：12小时可能出现沙尘暴天气，能见度小于1000米；或者已经出现沙尘暴天气并可能持续。

**预报用语**：预计××（时间），××（地区）将出现沙尘暴天气，能见度小于1000米。

**防御指南**：

1.地方各级人民政府、有关部门和单位按照职责做好防沙尘暴工作。

2.停止露天集会和室外体育活动。

3.关好门窗，加固围板、棚架、广告牌等易被风吹动的搭建物，妥善安置易受大风影响的室外物品，遮盖建筑物资，做好精密仪器

附录2：北京市气象灾害预警信号与防御指南

的密封工作。

4.驾驶人员要密切关注路况,减速慢行。

5.减少外出,老人、儿童及患有呼吸道过敏性疾病的人不宜出门;必须外出时,应佩戴口罩、纱巾等防尘用品,外出归来尽快清洗面部和鼻腔。

### (三)沙尘暴橙色预警信号

**标准**:6小时可能出现强沙尘暴天气,能见度小于500米;或者已经出现强沙尘暴天气并可能持续。

**预报用语**:预计××(时间),××(地区)将出现强沙尘暴天气,能见度小于500米。

**防御指南**:

1.地方各级人民政府、有关部门和单位按照职责启动防沙尘暴应急工作,交通、卫生等部门和单位应立即采取措施,保障交通和卫生安全,民航机场和高速公路应根据能见度变化,适时关闭,有关部门和单位注意关注森林、草场和城区的防火工作。

2.停止露天集会、体育活动以及高空、水上等户外生产作业和游乐活动。

3.立即关闭门窗,必要时可用胶条对门窗进行密封;加固易被风吹动的搭建物,安置和遮盖好易受大风影响的室外物品,密封好精密仪器。

4.驾驶人员要密切关注路况,谨慎驾驶,减速慢行。

5.避免外出,加强对老人、儿童及患有呼吸道疾病的人的护理；户外人员应当戴好口罩、纱巾等防沙尘用品；外出归来，应尽快清洗鼻、嘴、眼、耳中的沙尘及有害物质。

## (四)沙尘暴红色预警信号

**标准：**6小时可能出现特强沙尘暴天气，能见度小于50米；或者已经出现特强沙尘暴天气并可能持续。

**预报用语：**预计××(时间)，××(地区)将出现特强沙尘暴天气，能见度小于50米。

**防御指南：**

1.地方各级人民政府、有关部门和单位按照职责做好防沙尘暴应急和抢险工作，交通、卫生等部门和单位应立即采取相应的交通管控和卫生安全的行动，有关部门和单位做好森林、草场和城区防火工作。

2.停止户外作业和露天活动；学校、幼儿园推迟上学、放学，必要时停课。

3.飞机暂停起降，火车暂停营运，高速公路暂时封闭。

4.驾车尽量减速慢行，能见度很差时应停靠在路边安全地带。

5.紧闭或密封门窗，不要外出；对老人、儿童及心血管病、呼吸道病患者实施特别护理；必须出行时，用纱巾、风镜和口罩保护鼻、眼、口，要注意交通安全和人身安全。

6.出行归来后，应尽快漱口刷牙，用清水洗眼，用蘸酒精的棉签洗耳，用浓度约0.9%的盐水冲洗鼻腔，将鼻、嘴、眼、耳中的各类有害物质清洗干净。

附录2：北京市气象灾害预警信号与防御指南

## 六、高温预警信号

高温预警信号分四级，分别以蓝色、黄色、橙色、红色表示。

### （一）高温蓝色预警信号

**标准：**连续两天日最高气温将在35℃以上。

**预报用语：**预计××（时间），××（地区）日最高气温将连续两天达35℃以上。

**防御指南：**

1.地方各级人民政府、有关部门和单位按照职责做好防暑降温准备工作，市政、水务、电力等部门和单位注意采取适当应对措施。

2.高温环境下长时间进行户外露天作业的人员应采取必要的防护措施。

3.高温时段尽量减少户外活动；必须外出时，应在出行前做好防晒准备，备好遮阳物和防暑药品、饮用水。

4.对老、弱、病、幼人群提供防暑降温指导；注意饮食卫生和适当休息，不宜长时间吹空调，浑身大汗时不宜冲凉水澡。

### （二）高温黄色预警信号

**标准**：连续三天日最高气温将在35℃以上。

**预报用语**：预计××（时间），××（地区）日最高气温将连续三天达35℃以上。

**防御指南**：

1. 地方各级人民政府、有关部门和单位按照职责做好防暑降温工作，市政、水务、建筑、卫生、电力等部门和单位应及时采取有效的应对措施。

2. 高温环境下长时间进行露天作业的人员应当采取必要的防暑降温措施，备好清凉饮料和中暑急救药品。

3. 对汽车进行合理养护，开车注意交通安全，避免疲劳驾驶。

4. 有老、弱、病、幼的家庭应备好常用的防暑降温药品，并提供防暑降温指导及一定的照料。

5. 高温时段应减少户外活动；必须出行时，应准备好防晒用具，在户外要打遮阳伞，戴遮阳帽和太阳镜，涂抹防晒霜，避免强光晒伤皮肤。

6. 持续高温天气容易使人疲倦、烦躁和发怒，应注意调节情绪，保证充分休息。

## （三）高温橙色预警信号

**标准**：24小时最高气温将升至37℃以上。

**预报用语**：预计××（时间），××（地区）日最高气温将达37℃以上。

## 附录2：北京市气象灾害预警信号与防御指南

**防御指南：**

1.地方各级人民政府、有关部门和单位按照职责落实防暑降温保障措施，市政、公安、建筑、电力、卫生等部门和单位应立即采取措施，保障生产、消防、卫生安全和城市供水、供电。

2.高温时段避免剧烈运动和高强度作业，高温条件下作业的人员应当缩短连续工作时间，必要时停止生产作业。

3.驾驶人员要保证睡眠充足，避免疲劳驾驶；车内勿放易燃物品，开车前应检查车况，严防车辆自燃。

4.注意对老、弱、病、幼，特别是高血压、心肺疾病患者的照料护理，如有胸闷、气短等症状应及时就医。

5.避免长时间户外活动，合理安排外出活动时间，避开中午和午后高温时段，外出采取有效的遮阳防晒措施。

6.高温高湿条件下人易疲倦，要合理调整作息时间，中午适当休息，保持良好心态。

### (四)高温红色预警信号

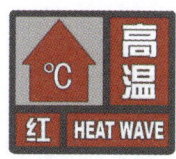

**标准：** 24小时最高气温将升至40℃以上。

**预报用语：** 预计××(时间)，××(地区)日最高气温将达40℃以上。

**防御指南：**

1.地方各级人民政府、有关部门和单位按照职责启动和实施防暑降温应急措施，密切关注保障整个城市安全运行的各项工作。

2.供电部门防范用电量过高及电线变压器等电力负载过大而

引发的事故,消防部门加大值班警力投入,有关部门和单位都要特别注意防火。

3.高温时段停止户外露天作业(除特殊行业外)和户外活动,中小学、幼儿园在高温时段停课休息。

4.驾驶人员要保证睡眠充足,避免疲劳驾驶;车内勿放易燃物品,开车前应检查车况、水箱和电路,严防车辆自燃。

5.加强对老、弱、病、幼,特别是高血压、心肺疾病患者的照料护理,如有胸闷、气短等症状应及时就医。

6.高温时段不进行户外活动,出行避开中午和午后时段,外出采取有效的遮阳防晒措施。

7.高温时期应备好防暑降温药品,多饮用凉白开、冷盐水等防暑饮品;室内空调的温度不宜过低,节约用水用电。

## 七、干旱预警信号

干旱预警信号分二级,分别以橙色、红色表示。干旱指标等级划分,以国家标准《气象干旱等级》(GB/T 20481－2006)中的综合气象干旱指数为标准。

### (一)干旱橙色预警信号

**标准**:预计未来一周综合气象干旱指数达到重旱(气象干旱为25～50年一遇),或者某一县(区)有40%以上的农作物受旱。

**预报用语**:预计××(时间),××(地区)气象干旱等级将达重旱。

附录2：北京市气象灾害预警信号与防御指南

**防御指南：**

1. 地方各级人民政府、有关部门和单位按照职责启动和做好防御干旱的应急工作，保持电力系统正常运行，启用抗旱措施。

2. 有关部门启用应急备用水源，调度辖区内一切可用水源，优先保障城乡居民生活用水和牲畜饮水。

3. 气象部门适时进行人工增雨作业。

4. 压减城镇和工业供水指标，限制非生产性高耗水及服务业用水（如洗车），限制排放工业污水。

5. 优先保证保护地、经济作物与高产地块的灌溉用水，限制粗放型、高耗水作物的灌溉用水，鼓励利用滴灌和喷洒的技术抗旱。

6. 家庭和个人注意节约用水。

## （二）干旱红色预警信号

**标准：** 预计未来一周综合气象干旱指数达到特旱（气象干旱为50年以上一遇），或者某一县（区）有60％以上的农作物受旱。

**预报用语：** 预计××（时间），××（地区）气象干旱等级将达特旱。

**防御指南：**

1. 地方各级人民政府、有关部门和单位按照职责做好防御干旱的应急和救灾工作，确保供电安全，实施综合性抗旱措施。

2. 各级政府和有关部门启动远距离调水等应急供水方案，采取提外水、打井、车载送水等多种手段，确保城乡居民基本生活用水和牲畜饮水。

3. 气象部门适时加大人工增雨作业力度。

4. 加强水资源调节力度，控制小水电站发电用水，加强雨水收集和再生水的开发利用。

5. 缩小或者阶段性停止农业灌溉供水，并做好灾后补救。

6. 严禁非生产性高耗水及服务业用水，停止排放工业污水。

7. 家庭和个人应特别注意节约用水。

## 八、雷电预警信号

雷电预警信号分三级，分别以黄色、橙色、红色表示。

### (一)雷电黄色预警信号

**标准：** 6小时内可能发生雷电活动（并伴有短时大风），有可能出现雷电灾害事故。

**预报用语：** 预计××（时间），××（地区）可能发生雷电活动（并伴有短时大风），可能会造成雷电灾害事故。

**防御指南：**

1. 地方各级人民政府、有关部门和单位按照职责做好防雷工作，组织检查存在雷击隐患的单位或部门。

2. 公园、游乐场等露天场所停止户外设施运行，并疏导游人到安全场所。

3. 应停止登山、游泳、钓鱼等户外活动（运动），及时躲避到有防雷装置的建筑物内。

## 附录2：北京市气象灾害预警信号与防御指南

### （二）雷电橙色预警信号

**标准：** 2小时内可能发生雷电活动并伴有6级以上短时大风；或者已经有雷电及6级以上短时大风发生，并可能持续，出现雷电和大风灾害事故的可能性很大。

**预报用语：** 预计××（时间），××（地区）可能发生雷电活动并伴有6级以上短时大风，出现雷电和大风灾害事故的可能性很大。

**防御指南：**

1.地方各级人民政府、有关部门和单位按照职责落实防雷应急措施。

2.公园、游乐场等露天场所停止户外设施运行，并疏导游人到安全场所。

3.停止户外活动或作业，及时躲避到有防雷装置的建筑物内。

4.不要在大树下避雨，远离高塔、烟囱、电线杆、广告牌等高耸物；不要停留在山顶、山脊、楼顶、水边或空旷地带；不宜使用手机。

5.在空旷场地不要打伞，不要把农具、羽毛球拍、高尔夫球杆等带金属的物体扛在肩上，应在地势较低处下蹲，降低身体高度。

6.室内人员应关好门窗并与之保持安全距离，不要触碰水管、燃气、暖气等金属管道，切勿洗澡，避免使用固定电话、电脑、电视等电器设备。

### (三)雷电红色预警信号

**标准**：2小时内可能发生雷电活动并伴有8级以上短时大风；或者已经有强烈雷电及8级以上短时大风发生,并可能持续,出现雷电和大风灾害事故的可能性非常大。

**预报用语**：预计××(时间),××(地区)可能发生雷电活动并伴有8级以上短时大风,出现雷电和大风灾害事故的可能性非常大。

**防御指南**：

1.地方各级人民政府、有关部门和单位按照职责做好防雷应急抢险工作。

2.公园、游乐场等露天场所应停止户外设施运行,并疏导游人到安全场所。

3.停止所有户外活动,及时躲避到有防雷装置的建筑物内。

4.不要在大树下避雨,远离高塔、烟囱、电线杆、广告牌等高耸物;不要停留在山顶、山脊、楼顶、水边或空旷地带;不宜使用手机;切勿接触天线、水管、铁丝网、金属门窗、建筑物外墙,远离电线等带电设备和其他类似的金属装置。

5.在空旷场地不要打伞,不要把农具、羽毛球拍、高尔夫球杆等带金属的物体扛在肩上,应在地势较低处下蹲,降低身体高度。

6.室内人员应关好门窗并与之保持安全距离,不要触碰水管、燃气、暖气等金属管道,切勿洗澡,避免使用固定电话、电脑、电视等电器设备。

## 附录2：北京市气象灾害预警信号与防御指南

7.对被雷击中人员，应立即采用心肺复苏法抢救，同时将病人迅速送往医院；发生雷击火灾应立刻切断电源，并迅速拨打报警电话，不要在未断电时泼水救火。

### 九、冰雹预警信号

冰雹预警信号分三级，分别以黄色、橙色、红色表示。

#### （一）冰雹黄色预警信号

**标准**：6小时内可能或已经在部分地区出现分散的冰雹，可能造成一定的损失。

**预报用语**：预计××（时间），××（地区）将出现分散冰雹，可能造成一定的损失。

**防御指南**：

1.地方各级人民政府、有关部门和单位按照职责做好冰雹防御应对工作；气象部门启动人工防雹作业准备并择机进行作业。

2.加强农作物和温室、畜舍的防护措施；妥善保护易受冰雹袭击的汽车等室外物品或者设备。

3.人员不要随意外出，户外行人到安全的地方暂避，不要待在室外或空旷的地方；户外行车应尽快停靠在可躲避处。

4.注意防御冰雹天气伴随的雷电灾害。

## (二)冰雹橙色预警信号

**标准:** 6小时内可能出现冰雹天气,并可能造成雹灾。

**预报用语:** 预计××(时间),××(地区)将出现冰雹天气,并可能造成雹灾。

**防御指南:**

1. 地方各级人民政府、有关部门和单位按照职责做好防冰雹的应急工作;气象部门做好人工防雹作业准备并择机进行作业。

2. 户外作业人员应暂时停工,到室内暂避;小学、幼儿园暂停户外活动,确保学生、幼儿上学、放学及在校安全。

3. 妥善保护易受冰雹袭击的室外物品或设备,将汽车停放在车库等安全位置;对温室、畜舍等采取加固措施。

4. 人员避免外出,保证老人、小孩待在家中;户外行人到安全的地方暂避。

5. 雷电常伴随冰雹同时发生,户外人员不要进入孤立的建筑物,不要在高楼、烟囱、电线杆或大树下停留,应到坚固又防雷处躲避。

## (三)冰雹红色预警信号

**标准:** 2小时内出现冰雹可能性极大,并可能造成重雹灾。

## 附录2：北京市气象灾害预警信号与防御指南

**预报用语**：预计××（时间），××（地区）将出现冰雹天气，并可能造成重雹灾。

**防御指南**：

1.地方各级人民政府、有关部门和单位按照职责做好防冰雹的应急和抢险工作，气象部门适时开展人工防雹作业。

2.停止所有户外活动，疏导人员到安全场所；中小学、幼儿园采取防护措施，确保学生、幼儿上学、放学及在校安全。

3.行车途中如遇降雹，应在安全处停车，坐在车内静候降雹停止。

4.人员切勿外出，确保老人、小孩待在家中；户外行人立即到安全的地方躲避。

5.紧闭室内门窗，保护并安置好易受冰雹、雷电、大风影响的室外物品；车辆停放在车库等安全位置；及时驱赶畜禽入舍，加固温室和畜舍。

6.雷电常伴随冰雹同时发生，户外人员不要进入孤立的建筑物，不要在高楼、烟囱、电线杆或大树下停留，应到坚固又防雷处躲避。

### 十、霜冻预警信号

霜冻预警信号分三级，分别以蓝色、黄色、橙色表示。

### （一）霜冻蓝色预警信号

标准:48小时地面最低温度将要下降到0℃以下,对农业将产生影响,或者已经降到0℃以下,对农业已经产生影响,并可能持续。

预报用语:预计××(时间),××(地区)地面最低温度将下降到0℃以下,对农业将产生影响。

防御指南:

1.政府及农林主管部门按照职责做好防霜冻准备工作。

2.农业部门及有关单位应及时组织群众防霜冻,避免和减少损失。

3.对粮食作物、蔬菜、花卉、瓜果、林业育种应采取覆盖、灌溉等防护措施,加强对瓜菜苗床的保护。

4.农村基层组织和农户应关注当地霜冻预警信息,以便采用有针对性的防霜冻措施,避免冻害损失。

## (二)霜冻黄色预警信号

标准:24小时地面最低温度将要下降到零下3℃以下,对农业将产生严重影响,或者已经降到零下3℃以下,对农业已经产生严重影响,并可能持续。

预报用语:预计××(时间),××(地区)地面最低温度将下降到零下3℃以下,对农业将产生严重影响。

防御指南:

1.政府及农林主管部门按照职责做好防霜冻应急工作。

2.农业部门及有关单位应抓住最佳时段,发动农村基层组织防霜冻抗灾,避免和减少损失。

## 附录2：北京市气象灾害预警信号与防御指南

3. 蔬菜育苗温室和大棚夜间应覆盖草帘；菜苗、瓜苗的移栽和喜温作物的春播应推迟到霜冻结束后进行。

4. 农村基层组织和农户要适时对蔬菜、花卉、瓜果等经济作物采取增温、覆盖、熏烟、喷雾、喷洒防冻液等措施，减轻冻害。

### （三）霜冻橙色预警信号

**标准**：24小时地面最低温度将要下降到零下5℃以下，对农业将产生严重影响，或者已经降到零下5℃以下，对农业已经产生严重影响，并将持续。

**预报用语**：预计××（时间），××（地区）地面最低温度将下降到零下5℃以下，对农业将产生严重影响。

**防御指南**：

1. 政府及农林主管部门按照职责做好防霜冻应急工作。

2. 农业部门及有关单位要抓紧时间，组织防霜冻抗灾，避免和减少损失。

3. 对农作物及时采取覆盖、熏烟、灌溉等防冻措施，以避免和减少损失。夜间要严密覆盖瓜菜育苗温室大棚，早晨推迟揭帘。

4. 农村基层组织和农户要因地制宜地及时对蔬菜、花卉、瓜果等经济作物和大田作物采取灌溉、喷施抗寒制剂、人工烟熏、覆盖地膜等措施。

5. 对春霜冻受害作物，要根据受冻程度分别采取加强水肥管理、补种补栽、毁种改种等补救措施；对秋霜冻受害作物，及时收获可利用部分，及时处理不可利用部分。

## 十一、大雾预警信号

大雾预警信号分三级,分别以黄色、橙色、红色表示。

### (一)大雾黄色预警信号

**标准**:12 小时可能出现浓雾天气,能见度小于 500 米;或者已经出现能见度小于 500 米、大于等于 200 米的雾并可能持续。

**预报用语**:预计××(时间),××(地区)将出现浓雾,能见度小于 500 米。

**防御指南**:

1.地方各级人民政府、有关部门和单位按照职责做好防雾准备工作。

2.机场、高速公路及城市交通管理部门应采取管控措施,保障交通安全。

3.出行前应关注交通信息,驾驶人员注意雾的变化,小心驾驶。

4.雾天空气质量较差,不宜晨练,应尽量减少户外活动,出门最好戴上口罩,老人、儿童和心肺病患者不宜外出。

5.外出回来后,及时清洗面部及裸露的皮肤。

### (二)大雾橙色预警信号

附录2：北京市气象灾害预警信号与防御指南

**标准**：6小时可能出现浓雾天气，能见度小于200米；或者已经出现能见度小于200米、大于等于50米的雾并可能持续。

**预报用语**：预计××（时间），××（地区）将出现浓雾，能见度小于200米。

**防御指南**：

1. 有关部门和单位按照职责做好防大雾工作。

2. 机场、高速公路及城市交通管理部门加强交通调度指挥。

3. 机场和高速公路可能因大雾停航或封闭，出行前应查清路况、航班信息，调整出行计划。

4. 驾驶人员应及时开启雾灯，减速慢行，保持车距。

5. 大雾天空气质量差，应减少户外活动，暂停晨练，外出应戴上口罩，老人、儿童和心肺病患者不要外出，中小学停止户外体育课。

6. 外出回来后，立即清洗面部及裸露的皮肤。

### (三)大雾红色预警信号

**标准**：2小时可能出现强浓雾天气，能见度小于50米；或者已经出现能见度小于50米的雾并可能持续。

**预报用语**：预计××（时间），××（地区）将出现强浓雾，能见度小于50米。

**防御指南**：

1. 有关部门和单位按照职责做好防大雾应急工作。

2. 机场、高速公路及城市交通管理部门应按照行业规定适时采取交通安全管制措施,并及时发布飞机停飞、公路封闭信息。

3.减少开车外出;必须驾车时,驾驶人员应开启雾灯和双闪灯,减速慢行,与前车保持足够的制动距离。

4.大雾天空气质量很差,不要进行户外活动,外出时戴上口罩,老人、儿童和心肺病患者不要外出,中小学停止户外体育课。

5.外出回来后,第一时间清洗面部及裸露的皮肤。

## 十二、霾预警信号

霾预警信号分三级,以黄色、橙色和红色表示。

### (一)霾黄色预警信号

**标准**:预计未来24小时内可能出现下列条件之一或实况已达到下列条件之一并可能持续:

(1)能见度小于3000米且相对湿度小于80%的霾;

(2)能见度小于3000米且相对湿度大于等于80%,$PM_{2.5}$浓度大于115微克/米$^3$且小于等于150微克/米$^3$;

(3)能见度小于5000米,$PM_{2.5}$浓度大于150微克/米$^3$且小于等于250微克/米$^3$。

**预报用语**:预计××(时间),××(地区)将出现中度霾,易形成中度空气污染。

**防御指南**:

1.地方各级人民政府、有关部门和单位按照职责做好防霾准备工作。

2.排污单位采取措施,控制会产生污染物的生产环节,减少污染物排放。

3.幼儿园与学校停止户外体育课。

4.减少户外活动和室外作业时间,避免晨练;缩短开窗通风时间,尤其避免早、晚开窗通风;老人、儿童及患有呼吸系统疾病的易感人群应留在室内,停止户外运动。

5.外出时最好戴口罩,尽量乘坐公共交通工具出行,减少小汽车上路行驶;外出归来,应清洗面部、鼻腔及裸露的皮肤。

### (二)霾橙色预警信号

**标准:** 预计未来24小时内可能出现下列条件之一或实况已达到下列条件之一并可能持续:

(1)能见度小于2000米且相对湿度小于80%的霾;

(2)能见度小于2000米且相对湿度大于等于80%,$PM_{2.5}$浓度大于150微克/米$^3$且小于等于250微克/米$^3$;

(3)能见度小于5000米,$PM_{2.5}$浓度大于250微克/米$^3$且小于等于500微克/米$^3$。

**预报用语:** 预计××(时间),××(地区)将出现重度霾,易形成重度空气污染。

**防御指南:**

1.地方各级人民政府、有关部门和单位按照职责做好防霾工作。

2.排污单位采取措施,控制会产生污染物的生产环节,减少污染物排放。

3.停止室外体育赛事;幼儿园和中小学停止户外活动。

4.避免户外活动,关闭房屋门窗,等到预警解除后再开窗换气;老人、儿童及患有呼吸系统疾病的易感人群应留在室内。

5.尽量少用空调,降低能源消耗;驾驶人员停车时及时熄火,减少车辆原地怠速运行。

6.外出时戴上口罩,尽量乘坐公共交通工具出行,减少小汽车上路行驶;外出归来,及时清洗面部、鼻腔及裸露的皮肤。

## (三)霾红色预警信号

**标准:**预计未来24小时内可能出现下列条件之一或实况已达到下列条件之一并可能持续:

(1)能见度小于1000米且相对湿度小于80％的霾;

(2)能见度小于1000米且相对湿度大于等于80％,$PM_{2.5}$浓度大于250微克/米$^3$且小于等于500微克/米$^3$;

(3)能见度小于5000米,$PM_{2.5}$浓度大于500微克/米$^3$。

**预报用语:**预计××(时间),××(地区)将出现严重霾,易形成严重空气污染。

**防御指南:**

1.地方各级人民政府、有关部门和单位按照职责做好防霾应急工作。

2.排污单位采取措施,控制会产生污染物的生产环节,减少污

## 附录2：北京市气象灾害预警信号与防御指南

染物排放。

3.停止室外体育赛事；幼儿园和中小学停止户外活动。

4.停止户外活动，关闭房屋门窗，等到预警解除后再开窗换气；老人、儿童及患有呼吸系统疾病的易感人群留在室内。

5.少用空调以降低能源消耗；驾驶人员减少机动车日间加油，停车时及时熄火，减少车辆原地怠速运行。

6.外出时戴上口罩，尽量乘坐公共交通工具出行，减少小汽车上路行驶；外出归来，立即清洗面部、鼻腔及裸露的皮肤。

### 十三、道路结冰预警信号

道路结冰预警信号分三级，分别以黄色、橙色、红色表示。

#### (一)道路结冰黄色预警信号

**标准**：当路表温度低于0℃，出现雨雪，24小时内可能出现道路结冰，对交通有影响。

**预报用语**：预计××(时间)，××(地区)将出现雨(雪)，易形成道路结冰，对交通有影响。

**防御指南**：

1.交通、公安等部门按照职责做好应对道路结冰的准备工作。

2.驾驶人员应注意路况，减速慢行。

3.人员外出尽量乘坐公共交通工具，少骑自行车或电动车，注意远离、避让车辆；老、弱、病、幼人员尽量减少外出。

## (二)道路结冰橙色预警信号

**标准**：当路表温度低于0℃,出现冻雨或雨雪,6小时内可能出现道路结冰,对交通有较大影响。

**预报用语**：预计××(时间),××(地区)将出现冻雨(或雨、雪),易形成道路结冰,对交通有较大影响。

**防御指南**：

1.交通、公安等部门按照职责做好道路结冰应急工作,注意指挥和疏导行驶车辆。

2.驾驶人员应采取防滑措施,安装轮胎防滑链或给轮胎适当放气,听从交警指挥,慢速行驶,不超车、加速、急转弯或紧急制动,停车时多用换挡,少制动,防止侧滑。

3.人员外出尽量乘坐公共交通工具,注意远离、避让车辆;老、弱、病、幼人员尽量避免外出,出行需有人陪同。

4.机场、高速公路可能会停航或封闭,出行前应注意查询路况与航班信息。

## (三)道路结冰红色预警信号

**标准**：当路表温度低于0℃,出现冻雨或雨雪,2小时内可能出现或者已经出现道路结冰,对交通有很大影响。

**预报用语**：预计××(时间),××(地区)将出现冻雨(或雨、

附录2：北京市气象灾害预警信号与防御指南

雪），易形成道路结冰，对交通有很大影响。

**防御指南：**

1. 交通、公安等部门做好道路结冰应急和抢险工作。

2. 交通、公安等部门注意指挥和疏导行驶车辆，必要时关闭结冰道路；机场和公路管理单位积极采取破冰、融冰措施。

3. 驾驶人员须采取防滑措施，安装轮胎防滑链或给轮胎适当放气，听从交警指挥，慢速行驶，不超车、加速、急转弯或紧急制动，停车时多用换挡，少制动，防止侧滑。

4. 人员尽量减少外出，必须外出时尽量乘坐公共交通工具，注意远离、避让车辆；老、弱、病、幼人员不要外出。

5. 机场、高速公路可能会停航或封闭，出行前应注意查询路况与航班信息。

## 十四、电线积冰预警信号

电线积冰预警信号分两级，分别以黄色、橙色表示。

### (一)电线积冰黄色预警信号

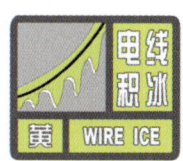

**标准：** 出现降雪、雾凇、雨凇等天气后遇低温出现电线积冰，预计未来 24 小时仍将持续。

**预报用语：** 预计××(时间)，××(地区)将出现电线积冰。

**防御指南：**

1. 电力及有关部门按照职责做好电线积冰的防御工作。

2. 驾车或步行尽量避免在有积冰的电线与铁塔下停留或走

121

动,以免冰凌砸落。

### (二)电线积冰橙色预警信号

**标准**:出现降雪、雾凇、雨凇等天气后遇低温出现严重电线积冰,预计未来 24 小时仍将持续,可能对电网有影响。

**预报用语**:预计××(时间),××(地区)将出现电线积冰,可能对电网有影响。

**防御指南**:

1.电力及有关部门按照职责做好电线积冰的防御工作。

2.加强对输电线路等重点设备、设施的检查和检修,确保其正常运行,加强对应急物资、装备的检查。

3.驾车或步行尽量避免在有积冰的电线与铁塔下停留或走动,以免冰凌砸落。

## 十五、持续低温预警信号

持续低温预警信号分两级,分别以蓝色、黄色表示;在每年 11 月至第二年 3 月期间发布。

### (一)持续低温蓝色预警信号

## 附录2：北京市气象灾害预警信号与防御指南

**标准**：预计未来可能出现下列条件之一或实况已达到下列条件之一并可能持续：

(1)连续三天平原地区日最低气温低于零下10℃；

(2)连续三天平原地区日平均气温比常年同期(气候平均值)偏低5℃及以上。

**预报用语**：预计××(时间)，××(地区)将出现持续低温天气，日最低气温低于零下10℃(或日平均气温比常年同期偏低5℃及以上)。

**防御指南**：

1.地方各级人民政府、有关部门和单位按照职责做好防御低温准备工作。

2.农、林、养殖业做好作物、树木防冻害与牲畜防寒准备；设施农业生产企业和农户注意温室内温度的调控，防止蔬菜和花卉等经济作物遭受冻害。

3.有关部门视情况调节居民供暖，燃煤取暖用户注意防范一氧化碳中毒。

4.户外长时间作业人员应采取必要的防护措施。

5.个人外出应注意做好防寒保暖措施。

### (二)持续低温黄色预警信号

**标准**：预计未来可能出现下列条件之一或实况已达到下列条件之一并可能持续：

(1)连续三天平原地区日最低气温低于零下12℃；

(2)连续三天平原地区日平均气温比常年同期(气候平均值)偏低7℃及以上。

**预报用语**：预计××(时间)，××(地区)将出现持续低温天气，日最低气温低于零下12℃(或日平均气温比常年同期偏低7℃及以上)。

**防御指南**：

1.地方各级人民政府、有关部门和单位按照职责做好防御低温准备工作。

2.农、林、养殖业做好作物、树木防冻害与牲畜防寒准备；设施农业生产企业和农户注意温室内温度的调控，防止蔬菜和花卉等经济作物遭受冻害。

3.有关部门视情况调节居民供暖，燃煤取暖用户注意防范一氧化碳中毒。

4.户外长时间作业和活动人员应采取必要的防护措施。

5.个人外出注意戴帽子、围巾和手套，早晚期间要特别注意防寒保暖。

## 十六、台风预警信号

台风预警信号分四级，分别以蓝色、黄色、橙色和红色表示。

### (一)台风蓝色预警信号

**标准**：24小时内可能或者已经受热带气旋影响，平均风力达6级以上(或阵风达8级以上并可能持续)。

## 附录2：北京市气象灾害预警信号与防御指南

**预报用语**：预计××（时间），××（地区）将受热带气旋影响，平均风力达6级以上（或阵风达8级以上并可能持续）。

**防御指南**：

1. 政府及相关部门按照职责做好防台风准备工作，转移住在危房及低洼地区人员，清理排水管道并做好排涝准备，注意防范大风和泥石流等灾害。

2. 采取交通管控措施，加固门窗、围板、棚架、广告牌等易被风吹动的搭建物，切断危险的室外电源。

3. 停止露天集体活动和高空等户外危险作业；幼儿园和中小学采取暂避措施或视情况提前或推迟上学、放学时间。

4. 关好门窗，提前收取露台、阳台上的花盆、晾晒物品等，检查电路、炉火、煤气阀等设施是否安全。

5. 人员不宜外出，出行时避免使用自行车等人力交通工具；遇到大风大雨，应立即到室内躲避，尽量不要在广告牌、铁塔、大树的下方或近旁停留。

6. 注意台风预报，不去台风可能经过的地区旅游；台风影响期间避免各类室外水上活动。

### （二）台风黄色预警信号

**标准**：24小时内可能或者已经受热带气旋影响，平均风力达8级以上（或阵风达10级以上并可能持续）。

**预报用语**：预计××（时间），××（地区）将受热带气旋影响，平均风力达8级以上（或阵风达10级以上并可能持续）。

**防御指南：**

1.地方各级人民政府、有关部门和单位按照职责做好防台风应急准备工作,及时转移住在危房及低洼地区人员,做好排涝、清理排水管道以及防大风、暴雨、地质灾害的工作。

2.采取交通管控措施,立即加固门窗、围板、棚架、广告牌等易被风吹动的搭建物,切断危险的室外电源。

3.停止露天集体活动、高空等户外危险作业和室内大型集会,并做好人员转移工作;幼儿园和中小学必要时可停课。

4.室内关闭门窗,在窗玻璃上用胶条贴成"米"字图形,并立即收取室外与阳台上的物品;检查电路、炉火、煤气阀等设施,以保安全。

5.机动车驾驶员要关注路况,听从指挥,避开道路积水和交通阻塞区段,或及时将车开到安全处或地下停车场。

6.人员尽量避免外出。

7.行人立即到室内躲避,避免在广告牌、铁塔、大树的下方或近旁停留;停止一切室外水上活动。

## (三)台风橙色预警信号

**标准:** 12小时内可能或者已经受热带气旋影响,平均风力达10级以上(或阵风达12级以上并可能持续)。

**预报用语:** 预计××(时间),××(地区)将受热带气旋影响,平均风力达10级以上(或阵风达12级以上并可能持续)。

附录2：北京市气象灾害预警信号与防御指南

**防御指南：**

1. 地方各级人民政府、有关部门和单位按照职责做好防台风抢险应急工作，立即转移住在危房及低洼地区人员，启动排涝、排水应急工作，加强城市供电线路巡查、监测工作，及时做好防范台风引发的次生灾害。

2. 实施交通管制，园林、建筑部门与有关单位立即强化管理和实施防台风行动，旅游部门立即并持续发布不去台风经过区域旅游的警告。

3. 停止室内外大型集会和户外作业，立即将人员转移到安全地带；幼儿园和学校停课；中心商业区及时加强防雨、防风措施，并关门停业。

4. 紧闭房屋门窗，及时在窗玻璃上用胶条贴成"米"字图形并远离窗口，以免强风席卷散物击破玻璃伤人；排查和清除室内电路、炉火、煤气阀等设施隐患，保障安全。

5. 人员车辆避免外出。

6. 驾驶人员在途中突遇台风要密切关注路况，听从指挥，慢速驾驶，立即将车开到安全区域或附近的地下停车场。

7. 行人立即到安全地带躲避，避免在广告牌、铁塔、大树的下方或近旁停留；立即停止一切室外水上活动。

## （四）台风红色预警信号

**标准：** 6小时内可能或者已经受热带气旋影响，平均风力达12级以上（或阵风达14级以上并可能持续）。

**预报用语**：预计××(时间)，××(地区)将受热带气旋影响，平均风力达12级以上(或阵风达14级以上并可能持续)。

**防御指南：**

1.地方各级人民政府、有关部门和单位按照职责做好防台风应急和抢险工作,立即转移危险地带人员及灾民,立即开展排涝、排水抢险工作,并随时启动由台风引发的各种次生灾害(停电、燃气泄漏、火灾等)的应急救援工作。

2.飞机暂停起降,火车暂停营运,高速公路暂时封闭;暂时关闭景区;做好养殖业、农业防灾工作。

3.立即停课、停业(除特殊行业外)、停止集会,船只立即停驶。

4.紧闭房屋每个门窗,立即用胶条密封门窗,并在窗玻璃上用胶条贴成"米"字图形;彻查室内电路、炉火等设施,消除隐患;关闭煤气阀,确保房屋及建筑物安全。

5.人员、车辆禁止外出;驾驶人员在途中突遇台风必须立刻靠边停车或迅速将车开到最近的安全区域。

6.行人如遇到台风加上打雷,要采取防雷措施,以最快速度找安全处躲避,避免在广告牌、铁塔、电线杆、大树的下方或其附近停留。

7.台风眼经过时,强风暴雨会突然转为风停雨止的短时平静状况,不要急于外出,应在安全处多待1~2小时,待确认台风完全过境后再外出;台风过后,应搞好环境卫生并注意食品、饮用水的安全。

# 附录3:气象信息员工作职责

（一）气象协理员。气象协理员在当地镇（街道）政府（办事处）的统一领导下，按照气象部门的业务指导，主要负责以下工作：

1.气象防灾减灾组织管理。负责辖区内气象防灾减灾工作的综合协调、日常联络和气象信息员的管理与指导，协助镇（街道）政府（办事处）开展气象灾害应急预案编制及应急演练，推进气象防灾减灾应急准备工作认证和气象防灾减灾标准乡镇（街道）、示范村（社区）建设，指导群众参与气象灾害防御工作，协助开展防雷安全检查并督促相关单位落实整改措施，及时向气象部门上报气象防灾减灾工作动态信息。

2.气象监测预警设施管理。协助气象部门做好自动气象站、多媒体气象信息显示屏等气象设施布点、选址及建设工作，根据要求做好气象设施的日常维护、安全巡查及探测环境保护工作，结合当地实际提出气象设施现代化建设意见和建议。

3.气象预警信息接收传播。根据市政府和镇（街道）政府（办事处）的要求，协助落实气象灾害预警信息的接收和传播载体的建设，及时接收并规范传播气象灾害预警信息，指导辖区内有关企事业单位和个人有效应用气象预警信息。

4.气象防灾减灾科普宣传。因地制宜开展气象防灾减灾科普讲座、论坛、影片展播、咨询等气象科普活动，分发气象防灾减灾科普材料，协助设置气象防灾减灾警示标志，配合开展气象防灾减灾科普示范点建设。

5. 气象灾害信息收集报送。做好积雪、冰冻、冰雹、大雾、雷暴等特殊天气现象的观测记录并报气象部门，收集报送各类气象灾害及次生、衍生灾害情况，协助有关部门开展灾情调查、鉴定与评估等工作。

6. 气象科技服务推广应用。推广应用气象灾害防御规划和风险区划，指导重点企事业单位采取科学防灾措施，向农业大户提供涉农气象服务应用指导，推广农村防雷等实用防灾减灾技术，做好公共气象服务产品宣传，收集反馈气象科技服务需求等。

（二）气象信息员。气象信息员主要负责协助气象协理员做好本行政村（社区）范围内的气象防灾减灾组织管理、气象监测预警设施管理、气象预警信息接收传播、气象灾害信息收集报送和气象科技服务推广应用等工作。

## 附录4：气象信息员工作考核评分表

| 序号 | 考核项目 | 考核内容 | 基分 | 评分标准（涉及扣分情况的直至每小项基分扣完为止） | 自评分 | 复评分 |
|---|---|---|---|---|---|---|
| 1 | 业务培训 | 按要求参加业务培训及防灾减灾等会议。 | 15分 | 每缺1次，扣5分。 | | |
| 2 | 工作台账 | 及时向镇政府（街道办事处）报送年度工作计划及总结，认真填写《气象工作台账》，记录完整、真实可靠。 | 20分 | 未上报年终总结的扣10分，上报总结质量较差的酌情扣分；未填写《气象工作台账》的扣10分，记录不全、内容不实的酌情扣分。 | | |
| 3 | 气象信息传播 | 建立与村网格化管理要求相配套的气象灾害预警信息接收和传播设施（组织框架图方式）。在收到重大气象灾害预警信息（橙色或者红色）实施再传播，并将信息传播情况填入《气象工作台账》。 | 20分 | 无组织框架图，无再传播渠道，不得分；有再传播渠道而未有效实施，每少1次扣10分。 | | |

续表

| 序号 | 考核项目 | 考核内容 | 基分 | 评分标准（涉及扣分情况的直至每小项基分扣完为止） | 自评分 | 复评分 |
|---|---|---|---|---|---|---|
| 4 | 灾情（实况）信息上报 | 根据气象局通知或主动及时上报灾情（实况）信息。 | 15分 | 未按要求及时记录或上报灾情（实况），每缺1次扣5分；出现有人员伤亡、损失严重的灾情不上报的，每次扣10分。 | | |
| 5 | 工作信息上报 | 向气象协理员上报日常气象防灾减灾工作信息2条以上。 | 5分 | 未上报工作信息不得分，少报1条扣3分。 | | |
| 6 | 气象科普宣传 | 依托当地气象部门（气象工作责任部门）提供的科普支持，因地制宜开展1次有效的气象科普宣传活动，并上报工作信息及照片。 | 5分 | 未开展宣传或开展宣传而未报送工作信息和照片的，不得分。 | | |
| | 基本分 | | | 80分 | | |

附录4：气象信息员工作考核评分表

续表

| 序号 | 考核项目 | | 考核内容 | 基分 | 评分标准（涉及扣分情况的直至每小项基分扣完为止） | 自评分 | 复评分 |
|---|---|---|---|---|---|---|---|
| 7 | 加分项目 | （1） | 上报灾害性天气服务小结的，每次加3分。 | ≤5分 | 要求上报材料的典型事例及有关数据翔实，服务成效明显。 | | |
| | | （2） | 收集上报群众对气象服务需求的意见或建议被采纳应用的，每例加5分；气象科技服务成功应用于辖区内企事业单位、村（社区）生产或管理，并取得明显成效的，每例加5分。 | ≤5分 | 收集或上报的意见或建议被当地气象部门（气象工作责任部门）采纳并应用；气象科技服务推广应用成效明显，并有相关文字材料说明，并得到当地气象部门（气象工作责任部门）认可。 | | |
| | | （3） | 完成防灾减灾示范村（社区）创建或通过气象应急准备工作认证达标单位的，加5分。 | ≤10分 | 通过市级气象防灾减灾示范村（社区）或气象应急准备工作认证达标单位验收。 | | |
| | | （4） | 全年灾情（实况）信息及工作信息综合得分在100分以上的，酌情加分。 | ≤10分 | 根据市气象局通报的上一年度协理员网上工作平台灾情（实况）信息及工作信息录用情况评分。 | | |
| | 加分 | | | 30分 | | | |
| 总评分 | | | | 110分 | | | |

133